仕事のミスが絶対なくなる頭の使い方

日本全能記憶大師的
高績效
大腦工作術。

一舉根除記憶、注意、溝通、判斷上的失誤，提升工作與學習成果！

記憶訓練專家 宇都出 雅巳——著

李貞慧——譯

推薦序

眞的，都不是你的錯，是腦子出的錯！

在工作上，主管每天都會遇到傻眼的情況，一時之間爲之語結，特別是這四種新人，剛從學校畢業未久，「職場大腦」還未成形，想法觀念有如天降神兵，可怕的是，他們不僅渾然不覺哪裡出了錯，還一副理直氣壯，令人哭笑不得。

第一種是記憶失誤的新人

我有個年輕男同事，每次找他來談話，他都空手而來，我問他，不帶筆和本子嗎？只見他敲敲自己的腦袋說：「頭大得很，夠用的。」結果一點都不夠用，交代他十項，只做三項，那三項還搞錯重點。後來我就請他寫下來，他居然回答：「我又不是學生，還寫什麼筆記？太娘了。」當然嘴皮子耍耍之後，還是乖乖地照做，可惜情況並未改善，爲什麼？

因為他還是以為自己的腦子史上最強，在寫筆記時，隨性東拼一句、西湊一句，當回頭再看筆記時，連自己都看得霧煞煞，因此錯誤照樣犯、項目照樣漏。這時候他會搔搔腦袋自我開脫：「以前都拷貝女生的筆記來看。」

第二種是注意失誤的新人

這是另一位女同事，工作堆積如山，一再拖延，完成度幾乎是零。我就走到她桌前，觀察她是怎麼做事的，發現電腦同時開了七八個視窗，一會兒做這項，一會兒做那項，跳來跳去，都只是蜻蜓點水碰了一下，沒有往下深入地做，也就遑論完成！

於是我請她集中注意力，每個時間專心做一件事，等第一件事做完，再做第二件，她一聽，急得要哭出來地說：「不行，工作那麼多，一件一件做，會來不及的。」可是她不知道，同時多工才是她做不完事情的癥結。

第三種是溝通失誤的新人

通常都是這樣的，你讓他們去連絡一個人，等很久都未得回報，不得已只好去問他們結果如何，竟是回答「對方啥也沒說」，這是什麼意思？他們會瞪著無辜的大眼睛說：「不知道，看不出來對方的意思。」於是我只好示範一下，當面打電話給對方，請問對方的意思是A還是B；看到我得到答案，他們會聳聳肩說：「你是主管嘛！他買你的帳。」

後來我都會教導新人，下次對方若是沉默以對，不妨再加以確認，問道：「請問您的意思是不是這個時間有點困難？那麼，您方便的時間是……？」結果新人會說：「這樣逼問對方，太勉強了，不好意思吧？」

第四種是判斷失誤的新人

我在報社擔任主編時，要看記者的稿子，看著看著，經常覺得不對勁，叫記者來問清楚，他們就會說：「不是這樣的嗎？我以爲是……」新聞是寫客觀的事實，不是記者的主觀意見，意見太快跑出來，就會立場分明，夾議夾敘的結果會讓讀者看不清楚眞相，這條新聞便失去價值，也誤導社會大衆。

因此我都會要求記者在寫稿時，必須再度確認對方的意思，減少自己的立場色彩，可是記者都很衝，特別是新人，一聽很不爽，就會抗議：「如果完全沒有自己的判斷，記者還有獨立報導的自主性嗎？」這時候，我就會勸對方，可以不選擇當記者，在家寫小說也是一條路。後來離開媒體，到企業工作，才發現一般人更嚴重，腦袋裡滿滿是各種「我以爲」，以致失去客觀，也影響判斷。

大腦，一點都不可靠

即使如此，我仍然要替犯錯的新人說話。眞的，你不是故意的，而是大腦無心出了錯。這四種失誤的根源，主要來自於大腦出了錯，可是一般人認爲大腦等於自己、自己等於大腦，自然而然難以察覺。所以本書一開始便忠告讀者，不要相信大腦不會犯錯，反而是要認定大腦一定會犯錯，保持警覺性，避免掉入大腦在思考上的陷阱裡。

大腦之所以不斷犯錯，是因爲思考很耗能量，因此思考時，大腦會自然地進入節能的環保狀態裡，變得很懶，寧願快思，也不願慢想，使得我們經常會出現記憶失誤、注意失誤、溝通失誤，以及判斷失誤。

作者宇都出雅巳針對這四種大腦失誤，提出簡單實用的方法，比如要避免記憶失誤，就記筆記；至於注意失誤，不妨一次做一件事，不要努力注意太多事；而溝通失誤，可以透過跟對方覆述他的原意，確認無誤；最後，判斷失誤，就多累積經驗，提高快思的品質。

我怎麼治好「小腦症」？

你看，方法多簡單、多好用，我自己也是這麼做的。

從我能夠考上政大、台大來看，又是讀文組，很多人都以爲我很會背東西，記性超強，可是完全不是這麼一回事。

小時候作文課之前，老師偶爾會讀一篇他認爲不可多得的佳作，和同學分享，做爲範本，供大家學習。經常是老師讀到中途，我才有點感覺，依稀看過這篇文章，等到下課之後，到布告欄一看，才認出是我的文章。你想想，是我用毛筆一個字一個字「刻畫」出來的，居然也能忘得一乾二淨，是不是很誇張？

長大之後，更離奇。很多人都喜歡看電影，我也是，可是別人看一遍之後，普通的會記得劇情，印象深刻的會對於某個場景片段記得清楚分明，更厲害的是會背誦對白；問題是我一出電影院，全忘了！下次再看時，會津津有味地從頭看到尾，以爲是第一次看，充滿新奇的驚喜。

別人是記性好，我是「忘性好」。可是在工作上，我井然有序、條理分明，老闆對我放心，同事對我信賴，合作對象愛死我，因爲我會搞定一切，他們交給我就是了。爲什麼？

因爲我從老師讀我的作文起，就明白一個殘酷的事實：自己的腦子不好使、不管用，不能相信自己的大腦，而我只要做一件簡單的事，記下來！

一個人做事擁有高績效，不全是因爲腦子好，還因爲他懂得腦子的極限，知道用正確的方法使用腦子、戰勝腦子的缺陷。所以，接受不完美的自己吧！

洪雪珍　職場作家

前言

大腦的運作機制本來就容易犯錯

「啊！我完全忘了這件事！」

「糟糕，我不小心漏了……」

「是這樣嗎？那我誤會了……」

「那時我為什麼會蓋章啊？」

在工作時，你曾犯過什麼錯？

或是有哪些差點失敗的經驗？

某人力資源網站的問卷調查結果顯示，「在公司被上司責罵之後，情急之下犯錯的失誤排行榜（男性）」，前幾名如下：

第一名　忘了做被交辦的事　二四・八％
第二名　忘了寫下電話留言　一六・八％
第三名　開會時睡著，弄掉了手邊資料或手中的筆　一五・九％
第四名　接到找上司的來電，忘了問對方是誰或是聽錯人名　一四・九％
第五名　會議資料或企劃書上有錯字　一一・二％
（複選／對象：二百一十四位男性／二〇一一年Mynavi株式會社調查）

調查結果的前兩名都是忘記做該做的事。工作時大量資訊蜂擁而至，我想每個人都曾犯過這種失誤。

第五名的失誤是疏忽，可能是必須編製大量資料，或每天要處理龐大資料的人比較常見的失誤。而「女性」的失誤調查結果，忘記做該做的事也是名列前茅。

除此之外，工作時必須密切溝通，在溝通過程中也常發生「我有說，但對方沒聽到」、「沒聽說」之類的失誤。而像經理、部門主管、經營者等和決策相關的工作，很多人可能都有判斷錯誤而吃到苦頭的經驗。

其實會犯這些錯，並不是因爲你的記憶力、注意力、溝通力或判斷力差，而是因爲人類的大腦運作機制，原本就容易犯錯。

而且除了「糟糕，忘了！」之類的失誤之外，其他種類的失誤也幾乎都和大腦的「記憶」有關，而你只是因爲不知道這件事才犯錯。

或許也有人認爲，「這只不過是因爲經驗或能力不足，才會犯錯吧？」當然這也是原因之一。但並不是唯一原因。

有時經驗越豐富、能力越好，越容易犯錯。並不是資深、成爲精英幹部的人就會少犯錯，有時這樣的人反而更容易犯錯。

人類說不定太相信自己的大腦了。

舉例來說，你知道大腦有多容易忘東忘西嗎？

還有，你知道記憶不是固定不變，而是經常在變的嗎？

或者是你以爲「很仔細地看了／聽了所有內容」。但事實上，你只看了／聽了自己想看／想聽的內容嗎？

更進一步來說，你知道根本沒有所謂的「完全獨立自主的自己」，「自己的判斷」不過是無稽之談嗎？

其實大腦並沒有我們以爲的那麼可靠。最近腦科學、認知科學的研究有了突飛猛進的發展，結果發現人的記憶會在不知不覺中給予大腦（不良的）影響。

如果你不知道這個事實，今後仍可能因爲記憶搞鬼而犯錯。就算你想努力鍛鍊自己的記憶力、注意力、溝通力及判斷力，如果不知道大腦的運作機制，下場大概就是徒勞無功。

寫到這裡可能嚇到大家了。不過換個角度來說，只要能正確理解大腦的運作機制，再根據這些知識擬定對策避免犯錯，應該就可以預防失誤。

本書將工作時常犯的失誤分成以下四種，逐一說明犯錯機制，以及預防失誤的基本對策。

①記憶力失誤（忘了！）
②注意力失誤（疏忽了！）
③溝通力失誤（我有說對方卻沒聽到！沒聽說！）
④判斷力失誤（判斷錯了！）

除了不失誤的基本對策之外，還有應用篇，幫助各位成爲克服失誤的達人，以期能獲得上司、同事或往來廠商的讚美。

本書要介紹的並不是什麼劃時代的工作方法。

過去已經有許多商業書籍介紹各種速成技巧，以及上司和前輩們苦口婆心，讓人聽到耳朵都快長繭的建議。本書的目的就是根據大腦的運作機制，說明爲什麼這些技巧、建議會有效，讓大家更能信服，「理解」進而「實踐」。

進一步來說，也希望大家透過本書面對工作中的失誤，成爲面對「眞實自我」的契機。

那麼，就請大家一起享受全新的相遇吧！

宇都出雅巳

你自以為是記憶的主人。
殊不知記憶才是你的主人。

——約翰・艾文

John Winslow Irving，美國小說家

目錄

第1章　記憶失誤

記憶失誤發生的原因

避免記憶失誤的基本對策

成為記憶達人的方法

第2章 注意失誤

注意失誤發生的原因

避免注意失誤的基本對策

成為注意達人的方法

第3章 溝通失誤

溝通失誤發生的原因

避免溝通失誤的基本對策

成為溝通達人的方法

第4章 判斷失誤

判斷失誤發生的原因

避免判斷失誤的基本對策

成為判斷達人的方法

第1章

記憶失誤

Memory Errors

⊘ 把別人拜託自己的小事全忘光了。

⊘ 忘了剛剛還記得的事。

⊘ 忘了文件放哪兒。

⊘ 記不得別人的長相和姓名。

⊘ 記不得公司的重要數字。

只要閱讀本章，你就會知道犯這些失誤的原因和對策。

記憶失誤發生的原因

過了一天，就只記得三成

第一個要談的是「記憶失誤」，而問題就出在「記憶」本身。

「忘了上司的指示」、「忘了文件放在哪兒」、「忘了對方的姓名」等，這些都是大家耳熟能詳的失誤。

但為什麼記憶會有失誤呢？

當然沒有人會故意犯錯。**記憶失誤源自對記憶的「期待」和「現實」之間的差距**。原因在於雖然你以為「確實記住了」、「應該不會忘」，可是大腦和你想的不一樣，其實早就忘了。

下一頁的圖是「艾賓豪斯的遺忘曲線」。這可說是記憶相關研究的基礎。

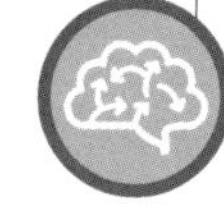

教人讀書的書籍等常引用這條曲線，做爲證明「反覆做」的重要性，以及有效復習時機的理論根據，所以各位對它應該不陌生。

這張圖的縱軸是「節約率」，也就是比起第一次記憶時所花的工夫（時間、次數），重新記憶時可以節省多少工夫。換言之就是記憶的保持率，再換個角度來看，也可以說是遺忘率。

特別要請大家注意的是，一旦記得之後，遺忘曲線就會迅速往下掉。二十分鐘後已經遺忘

◎ 艾賓豪斯的遺忘曲線

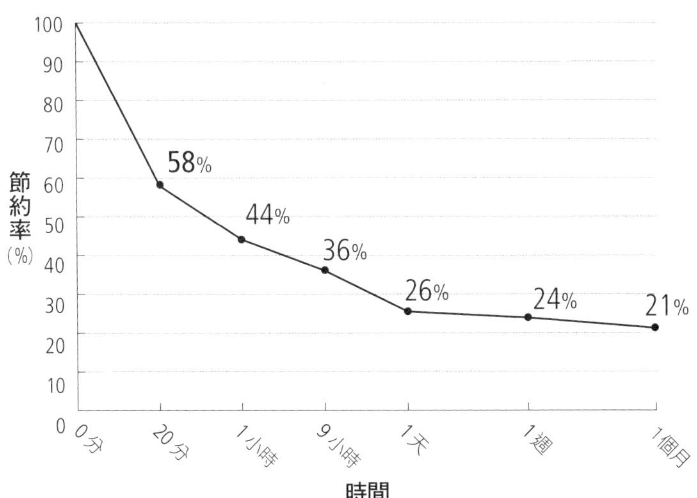

四十二%，一個小時後就忘了五十六%，一天後就忘了七十四%。

這個實驗是以「無意義的單字」為實驗內容，如果是日常接觸到的有意義資訊或知識，曲線可能比較平緩。不過人類自以為「記住了」，其實大多很快就忘了，這種大腦的特性並不會有所改變。

看到這個實驗結果，驚訝於「這麼快就會忘」的人，可能一直對自己的記憶力有過多的期待。

就算自以為「記住了」，其實大腦的遺忘速度這麼快，還請大家務必將這一點牢記在心中。

記憶失誤的主因就是「工作記憶」

最近隨著記憶研究的進展，已經找到記憶後立刻會快速遺忘的原因。原因就在於所謂的「工作記憶」（Working Memory）。其實這也是引起記憶失誤的主因。

工作記憶被比喻成「大腦的筆記本」，也有人翻成「運作記憶」、「作業記憶」等。不同於長期儲存資訊的「長期記憶」，工作記憶的特徵就是它是爲了某種目的，而「暫時」儲存資訊的領域。

以電腦來比喻，「長期記憶」就相當於ＨＤＤ（硬碟），而工作記憶則是ＲＡＭ（記憶體）。

ＨＤＤ是長期儲存資料的場所，ＲＡＭ則是因應軟體和應用程式運作，暫存資料的「作業領域」。軟體反應變慢或當機時，大多是因爲ＲＡＭ滿了。

人類大腦中相當於電腦ＲＡＭ的區域，就是工作記憶。

比方說就在你閱讀本書的這個瞬間，你的工作記憶正在運作中。不對，應該說因爲工作記憶正在運作，所以你才能讀這篇文章。

要讀文章、理解文章內容，你必須記住剛剛讀過的文章內容。如果一邊讀就一邊忘，會發生什麼事呢？

如果是印刷品，當然可以回頭再讀一次，可是如果一直回頭再讀，那就無法繼續前進。

而如果是會話，那就糟糕了。因爲話一說出去就消失了。正因爲對方說的話你有記在工作記憶中，所以才能連接前言後語，理解對方的語意。

總而言之，工作記憶就是可以立刻、且鮮明記憶資訊的區域。這麼方便的記憶，爲什麼會造成記憶失誤呢？

其實，「立刻」且「鮮明」記住這個特徵就是陷阱。

⚠ 工作記憶容量比你想像的小

爲什麼這麼方便的記憶，會造成記憶失誤呢？這是因爲工作記憶的容量非常小。

只要有新的資訊進來，舊的資訊就會被擠出去，那一瞬間舊資訊就被遺忘了。

一旦進入工作記憶，就立刻且鮮明地記住。可是只要一被擠出工作記憶，那一瞬間立刻就忘得一乾二淨。

　　而且不管你再怎麼努力，都無法增加工作記憶的容量。

　　接下來我用個小測驗，讓大家實際體會到工作記憶的容量有多小，以及無法增加的現實吧。請你假設自己在某公司辦公室，鼓足了勁兒想記住以下內容。

　　「你被上司木下課長叫去，要你將公司簡介的ＰＤＦ檔寄給高橋工業。你回到自己座位，又收到渡邊金屬的電郵。你等渡邊金屬的報價已經很久了，而且你需不需要跟業務窗口不值得信賴的城島產業一起工作，又要看這份報價的結果而定。你帶著期待與不安點開電郵，正想開啓附件的那一瞬間，電話進來了，是佐藤通信打給上田前輩的電話。你把電話轉接給前輩後，又收到手機的LINE通知，原來是學生時代的狐群狗黨廣瀨找你晚上一起去喝酒。」

看到這裡，你記得公司簡介必須寄給誰嗎？

我想你的腦海中，現在一定滿滿都是公司名和人名。這也就是工作記憶塞滿的狀態。

就算你努力想回憶出公司名稱，但各種專有名詞可能都混在一起了。老實說，我寫完後自己也忘了要寄給哪家公司。藉由這個小測驗，我想大家應該可以體會到不管再怎麼努力，也無法增加工作記憶容量的現實了吧。

⚠ 注意力（Attention）和工作記憶的關係

據說工作記憶的容量，最多只能儲存七個左右（7±2）的事項。最近的研究還有容量更少，只有4±1的說法。

人類大腦中儲存著龐大的記憶和每日的經驗等，包含現在正在閱讀的相關知識。然而可以立刻且鮮明記住的數量，卻少得可憐。

這和下一章「注意失誤」的主角「注意力」（Attention）有關。因爲我們能夠同時專注的數量很少，所以工作記憶的容量也不得不變少。

如果用圖來表示工作記憶和「注意力」的關係，就如同下頁的圖。

所謂「注意力」，指的是可以抓住東西的「手腕」，而記在工作記憶的狀態，就可以形容成被那隻手腕抓住的狀態。

而關鍵的手腕只有七隻，甚至只有四隻左右。想想你平常可以同時專注的數量，這個手腕的數量應該雖不中亦不遠矣吧。

「好，我記住了！」是一個很大的錯覺

「這件事很重要，我要記住」。注意力在這件事情上，就可以持續抓住資訊。例如嘴裡一直唸唸有詞「高橋工業，高橋工業，絕對不可以忘記」，這樣應該就不會忘記吧。

◎ 工作記憶的「手腕」數量有限

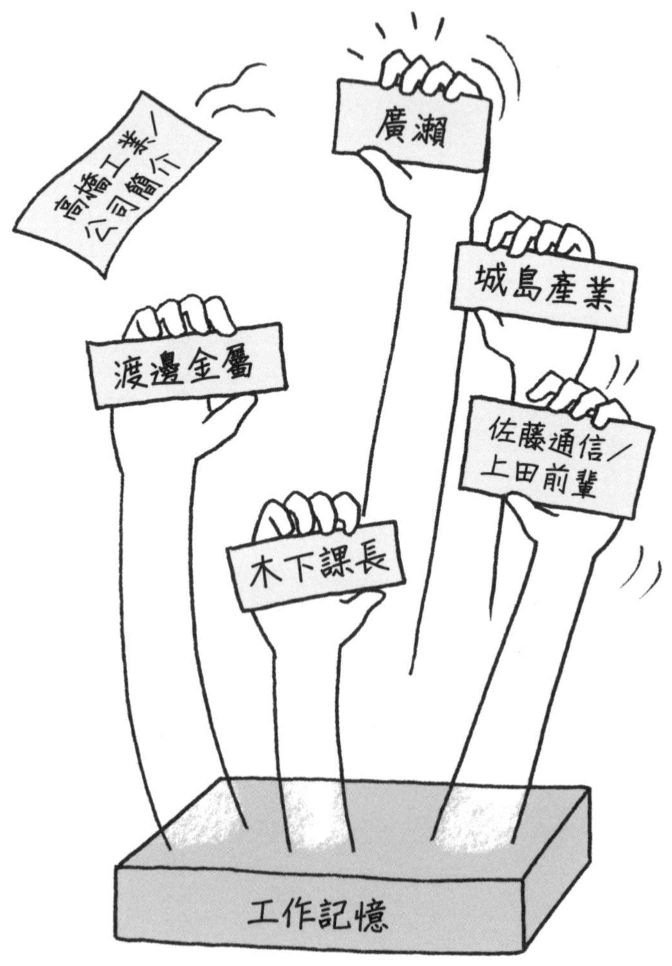

可是工作時新資訊如潮水般湧來。所以事實上，不論你多想專注在這件事情上，只要冷不防地有新資訊進來，大腦就會被新資訊吸引，轉移注意力，放開舊資訊「高橋工業」了。

如果是慢慢遺忘，還可在「糟糕，好像快要忘了，趕快先筆記下來吧（或是先整理一下吧）」的時候，祭出對策，可是這種遺忘卻是突如其來地發生，所以很難因應。

既然很容易忘，一開始就不要過度相信自己的記憶力。可是**當注意「手腕」緊緊抓住一件事的時候，卻有強烈的「我真的記住了」的感受**。而且這種感覺，和你記在長期記憶中的「記住了」的感覺一模一樣。

所以那是一種錯覺。

而這正是「剛剛我還記得很清楚，怎麼突然忘了」的失誤原因。

職場就是新刺激和資訊活躍的舞台。每次有新東西進來，注意力就必須到那裡去，而且也必須掌握必要資訊。光是把資訊放在暫存處，也就是工作記憶中，並不表示記住了。

要消除記憶失誤的第一步，就是認識「現在雖然覺得確實記住了，但只要放開這隻手腕就會忘記」的工作記憶特性。

可以靠訓練增加工作記憶容量嗎？

或許有人會說，「既然工作記憶這麼重要，那就擴充容量啊！」的確最近也有一些「工作記憶訓練」或「鍛鍊工作記憶」之類的書籍問世。

可是我認為工作記憶是無法鍛鍊的。就像前面圖的說明一樣，工作記憶和「注意力」有密不可分的關係。如果要訓練工作記憶，就是要增加圖中的「手腕」數量。

就算真的進行「工作記憶訓練」，而且得到好成績，也不代表注意力的「手腕」數量增加了。或許不過是因為累積工作記憶訓練的經驗，因而減輕了工作記憶的負擔。果真如此，就算工作記憶訓練越做越輕鬆，對於和訓練無關的作業，也不會有正面效果。

舉例來說，「加一問題」就是讓人實際感受到工作記憶容量限制的一項作業（請參閱下頁圖）。這個問題就是在由不同數字組合而成的數字上，每個位數都加上一。

實際去做就會發現，如果每日持續訓練，一開始「加一問題」成績很差的人，最後說不定連「加三問題」都可以輕鬆完成。

但這並不一定是因爲工作記憶的「手腕」增加而變得輕鬆。

設法增加經驗和知識，不使用工作記憶

一開始覺得腦袋不夠用的作業，卻變得輕鬆無比，可能有人就以爲是因爲工作記憶增加了。然而事實並非如此。變得輕鬆的原因是因爲反覆解題，把加法結果當成知識記住了。

◎ 加一（三）問題

❶ 隨機寫出二十個五位數，一張小卡上寫一個五位數。

❷ 把小卡堆成一疊，最上面放一張空白卡。

❸ 看著時鐘的秒針，設定一定的節奏（一秒一次的節拍器很方便）。

❹ 掀開最上方的空白卡，出聲朗讀出第一張小卡上的五位數。

❺ 朗讀後抬頭數到二。

❻ 將原本五位數的每個數字都加上一，配合節奏逐一朗讀出來。例如原本是「52941」，就逐一朗讀出「63052」。

❼ 維持節奏，翻開下一張小卡再重複上述作業。

❽ 等到可以輕鬆完成後，可以試著改加上「三」。

參考《快思慢想》（丹尼爾・康納曼〔Daniel Kahneman〕著，天下文化出版）。

換句話說，**這並非注意力的「手腕」變多了，反而是減少了解題必須用到的「手腕」數量的結果**。

我們當然不能說這種訓練沒有意義。對於平常不太動腦的人來說，這是很好的刺激，也可算是使用工作記憶的暖身動作。不過因爲這種訓練的成績變好，就誤以爲鍛鍊到工作記憶而高興不已，那誤會就大了。

事實上有很多學術研究都在探討如何增加工作記憶的容量。但令人遺憾的是，目前研究成果都還僅止於實驗室階段。

「很遺憾的是，截至目前爲止，都沒有研究報告證實工作記憶訓練的效果已跨出實驗室領域，對學業成績或日常生活的課題有效。」（摘自《*Working Memory : The Connected Intelligence*》，Tracy Packiam Alloway and Ross G. Alloway著，日文版由北大路書房出版）

今後或許會掀起一股鍛鍊工作記憶的「工作記憶鍛鍊」熱潮，就像之前的「鍛鍊腦力」風潮一樣。但請大家務必注意這一點。

「減輕工作記憶的負擔」，是減少記憶失誤的重要關鍵。減輕工作記憶負擔的方法之一，就是累積經驗、知識等記憶，事先多準備承接新進資訊的器皿。

例如前述「上司木下課長」的例子，也可以說成是因爲所有資訊對你來說，都是全新資訊，所以才記不住。如果是日常工作的一部分，要記起來應該比較簡單。

這是因爲如果是日常工作的一部分，大部分專有名詞都已經在記憶中了，只要連結新進資訊和相關記憶，就算手腕數量少也記得住。

除此之外，還有一些減輕工作記憶負擔的方法，之後的「基本對策篇」會仔細說明。

⚠ 前提就是一定會忘，而不是「不會忘」

截至目前爲止，本書應該能讓大家理解到，平常自己覺得「我記住了」的感覺，其實很不可靠，是很虛無飄渺的感受。

另外根據最近的認知科學研究結果顯示，不光是屬於短期記憶的工作記憶，連根據過去經驗形成的所謂「長期記憶」，其實也很不靠譜。因為每次想到長期記憶後，都會微妙地改變內容，然後複製貼上自己的記憶中。

舉例來說，過去在犯罪事件中被視為重要證據的「目擊者證詞」，其實現在已經知道這種證詞內容，會隨著詢問方法而改變。

人的記憶並不像你以為的那麼牢靠。

工作時為了避免記憶失誤，而試圖用精神主義去違抗大腦極限，這種做法沒有任何意義。首先我們必須正視這個事實。

記憶力好的人，並不是因為他的大腦結構性能特別高，只不過是他知道「自己大腦的習性」，如「自己的記憶極限在哪裡」、「什麼狀況下容易遺忘」、「要反覆多少次才不會忘」等，然後採取有效對策而已。

目標不是怎麼做才不會忘，而是如何支援很容易遺忘的自己。關鍵就在於你是否能有這種想法的轉換。

避免記憶失誤的基本對策

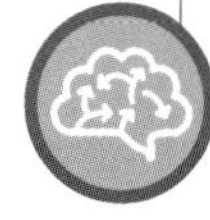

不厭其煩地要求新人一定要「記筆記」的原因

成功者的經驗談經常提到一點，也就是一想到些什麼，就「立刻寫在紙巾上」。就算只是隨手寫在紙巾上，有沒有寫下來的結果就會截然不同。

這也正是先人們的教訓：「人的記憶力不可靠，所以不要做無謂的抵抗」。

做生意和考試不一樣，幾乎大部分的情形都允許作弊。

時間表只要登錄到日曆軟體中，時間到了軟體自然會通知你．電話號碼也只要登錄一次，再也不用去記。連在眾人面前簡報時，都可以邊看PowerPoint邊講，所以大部分的資訊都不需要記在腦中。

我想大家工作時，一定也都善用Dropbox或Evernote、Google日曆和Outlook

等各種Ａｐｐ吧。世人稱這些工具爲「提升工作效率的工具」，換個角度來說，它們其實就是「記憶輔助工具」。而且這些工具也的確可以減輕資訊處理中樞，也就是工作記憶的負擔，更快速地處理資訊，提升工作效率。

其中**記筆記就是最原始、最簡單的記憶輔助工具，也就是提升工作效率的工具**。

不習慣記筆記的人，可能會覺得自己省下記筆記的工夫，工作當然更有效率一點。可是他們卻沒有發現，不記筆記而想著「一定要記住」，這種想法本身就是工作記憶的浪費，也是工作沒有效率的原因之一。

工作記憶不光只是記憶暫存區，也是作業台，所以必須記住的資訊量越多，作業台就越小（＝消耗注意力），無法處理複雜的資訊。可是**只要抄下筆記，就可以立刻釋放工作記憶，工作的精確度和速度自然隨之提升**。

我以前也是上班族，所以我很清楚上司之所以不厭其煩地對新人嘮叨「要記筆記」，是因爲他們看過很多新人，而且他們自己也經歷過新人時期，所以很清楚不記筆記一定會忘。特別是新人要記的資訊也特別多，要新人記筆記並不是因為他們覺得新人的記憶力特別差。

而且就算上司不懂得工作記憶的機制，但他們從經驗得知，從新人時期就養成記筆記的習慣，幾年後等到新人成長到必須同時處理多件複雜業務時，就可以不讓工作記憶爆炸，更容易完成手邊的工作。

• 我發現筆記很重要的緣由

我想很多人是因為覺得「記筆記很麻煩（或是處於不方便記筆記的狀況）」，所以不記筆記」吧。在習慣之前，記筆記的確很麻煩。

可是不記筆記，結果因記憶失誤而受害，就必須改變自己的行動。因為就像本書前面的說明一樣，再怎麼哀怨自己的記憶力不好，也於事無補。

當我還是新人時，前輩的慘痛教訓讓我發現記筆記的重要性。

當時我在某商業書籍的出版社，負責管理一本彙總幾千家公司資訊的參考書籍進度。這本書一年出版四次，每次截稿期快到時，整個部門就像戰場一樣。

在這個過程中，我也常和負責的前輩討論一些改善措施，例如「這裡這樣做應該比較輕鬆」、「這項作業這樣做，可以更快完成」。可是因爲沒記筆記，等到這一陣子忙完後，又全部忘光了。

如果這件事每週做一次，可能等到下次要做的時候就會記起來，可是因爲一年只出版四次，所以每次工作都很缺乏效率。

過了一年，等到我成爲負責人時，在超忙碌的校對期間，如果我發現什麼下次可以改善的地方，我會草草記下筆記。我在辦公桌上貼了一個寫著「改善筆記」的信封，把我的筆記都丟在裡頭。

因爲有了這些筆記，我因此得以逐步改善作業。而這些改善又讓我受到上司肯定，於是有機會參與大型專案。

筆記法的基準就是選「最輕鬆的方法」

我想跟覺得記筆記很麻煩的人分享的是，記筆記不需要追求完美。

筆記只要能發揮原本「記憶掛勾」的功能就夠了。就大腦機制來看，只要不是太大量的資訊或經過太久，簡單寫下一點內容，之後就可以把資訊像一串肉粽一樣拉出來。至於筆記的格式或記的方法等，原本就不需要設限（當然，這裡說的不包括必須交給他人的筆記，如電話留言等）。

像我就只準備了一個放筆記的信封，連筆記紙都沒買。紙巾、紙張背面、筷套，眞的是什麼都能用來寫。對我來說，重要的不是寫在哪裡，而是必須有一個「場所」來收這些筆記。

換個角度來說，**最好不要對筆記設下太多、太細的規定限制**。工作時常常突然想記筆記，可是那時手邊可不一定有自己喜歡的筆記紙。

如果太講究記筆記的禮法，萬一做不到時可能就會影響記筆記的意願，或是因爲無謂的行爲限制，搞得記筆記變成一件很麻煩的事。這樣就很容易成爲「不然就先記在腦子裡好了」的藉口，那就本末倒置了。

有些人認爲「不論做什麼事，都要先有模有樣才行」，我並不是全面否定這種想法。不過我希望大家知道禮法並非目的，只不過是手段而已。

眞正的目的是要養成記筆記的習慣，不要只依賴工作記憶。要養成記筆記的習慣，最好就是選一個最輕鬆、最能持續下去的做法。

超簡單筆記法建議

近年來因爲數位裝置普及，記筆記的手段也越來越多元。也正因爲如此，我認爲做法越簡單越好。

比方說以下這樣的做法。

• 在座位上時

・選一個手機和電腦可以同步更新的主要筆記Ａｐｐ（重要的是只要選一個，這樣才不用去煩惱要記在哪裡）。

・慣用右手的人在桌子右側一定要放一些Ａ４回收紙和筆，做爲輔助。

・直接記在筆記Ａｐｐ的基準是「第二天之後還會用到的資訊」。如果只有當天用得到，就寫在Ａ４回收紙上，下班直接丟掉。

• 離開座位時

・如果覺得自己手機輸入夠快，就用手機（當然用的是可以和電腦同步的Ａｐｐ）。此時，建議將筆記Ａｐｐ移到螢幕上手指最容易碰觸到的位置。

・手機輸入很慢的人就將Ａ４回收紙折成四折，和打高爾夫球時常用、附夾子的鉛筆，一起放入襯衫或長褲口袋（百圓商店就買得到這種附夾子的鉛筆。看書時也很適合用來當成書籤，很方便）。回到座位時，再根據「第二天之後還會不會用到」的基準，記在筆記App上。

・固定一個放手機和回收紙的口袋，以便有需要時立刻可以拿出來用。

・開會時

・帶筆記型電腦進去開會，直接記在筆記App上（一旦開始開會，要把鍵盤回饋音調小，以免干擾別人）。

・首先要記下日期時間和出席人員。

這種簡單的做法，我想每個人都可以持之以恆。

總而言之，首先就是要知道努力想記在腦海中的做法，其實就是在壓迫工作記憶這項有限的資源。只要意識到這一點，就會更願意記筆記。

只要眞正理解筆記的意義，自然就知道持之以恆比筆記形式更爲重要，也才能養成記筆記的習慣。

上課時，到底應該專心聽講還是記筆記？

參加研習或去聽演講、上司訓話時，到底應該專心聽講不記筆記，還是邊聽邊記筆記？這有兩派說法。

有些人說：「反正再怎麼想也不知道什麼才重要，先把所有內容記下來再說！」也有人說：「重要的內容自然會記住，不用記筆記。認眞聽就是了！」

記筆記可以事後再看一次，不會遺忘。可是如果專心聽，就不用去想記筆記的事，可以充分活用工作記憶，自然更容易理解。

這兩種說法都對。

不過我還是建議大家，對於「重要內容」、「想記住的內容」，還是記筆記比較好。因爲就像前面的說明一樣，你的大腦其實沒有你以爲的那樣可靠。

不記筆記的人會斬釘截鐵地說，「有些內容沒有留在腦海中，那是因爲那些內容不值得記住」，可是就算是值得記住的內容，除非印象深刻，否則也不能保證一定會留在腦海中。

就算你心想著「好，我要記住這個！」，那也不過是用注意力暫時留在工作記憶中的記憶，只要有新資訊進來，可能就會被擠出工作記憶。

因此就算犧牲一些注意力，就結果來看，上課時記筆記對自己應該還是比較有幫助的。

不過一字一句抄下對方說的話，或者把投影片或白板上的內容全抄下來，這是沒有意義的行為。因為這樣做會讓注意力停留在抄寫的動作上，浪費了工作記憶，反而喪失了現場聆聽的意義。

只要有投影片，就可以取得資料，如果是寫在白板上的資料，也可以用手機拍照，大家應該活用這些記憶輔助工具，以便更有效率地活用工作記憶（現在大學課堂上用手機拍下白板上的資料，好像已經是理所當然的行動了）。

記筆記的重點則是覺得講師說的很對，但投影片上沒有的內容，或者是聽著聽著，突然想到可以活用在自己工作上的點子等。這麼一來，既可以留下記憶的掛勾，又不會對工作記憶造成負擔，也可以好好聆聽對方說的話，取得平衡。

⚠ 也可以利用「外部記憶輔助」來「做筆記」

前面已經說明過筆記的重要性。但可以用來輔助記憶，釋放工作記憶的道具，並不是只有筆記一種。其實身邊所有的東西都可以發揮筆記的功能。

例如最容易被人遺忘的雨傘。一下雨就必須撐傘，可是等到雨一停，雨傘就派不上用場，大家就不會注意到雨傘，所以很容易就被遺忘了。

那麼該怎麼做呢？例如出差投宿飯店時，雖然帶著傘去，但又怕「回程時不小心忘了帶傘回去」，所以就把雨傘掛在門把上，出門時一定會看到。這樣的動作其實就相當於一種「筆記」。

就像雨傘的例子，能協助你喚醒某些記憶的東西，在認知科學中就稱之爲**「外部記憶輔助」**。

美國心理學家曾進行過一項調查，以了解酒保如何記住酒客們點的各式各樣雞尾酒。結果發現，只要有人點某種調酒，酒保就會先拿出這種調酒專用的酒杯，放在檯子上，利用酒杯來「記憶」酒客點的酒。甚至會趁著還沒忘記時，把先放入也無妨的材料放入酒杯中。

酒保靠著酒杯和杯中的材料，喚醒自己的記憶。像這樣的巧思，在餐飲業可說是天經地義的做法。

如果上司要你做某件事時，你先把相關資料拿出來放在桌上，光是這一個小動作，就可以發揮「筆記」的功效了。大家也一起來活用這些巧思吧。

⚠ 句子越短，越能節省工作記憶空間

《もしドラ》❶和《ビリギャル》❷，這兩本熱門暢銷書的書名極長，所以才衍生出書名縮寫的需求，可是換個角度來說，這兩本書之所以暢銷，應該也是因爲有

了名稱縮寫，更容易被人記住吧。

我想說的是，要減輕工作記憶的負擔，更輕鬆地處理資訊，「精簡句子」就是簡單又有效的做法。句子越短，需要記憶的資訊量就越少，甚至不需要縮寫。也可以運用只有自己才懂的數字等，或是一些代號。

前面提到酒保的例子，其他像日本的拉麵店等，除了會事先備好碗公等「外部記憶輔助」外，好像也會使用代號。要直接記住顧客的需求，資訊量太多，所以會根據事先定好的法則來減少資訊量。

比方說像是味噌拉麵、蔬菜增量、多油等資訊，店家會根據自己的規則，轉換成「2・1・2」之類的方式記憶。當然店員要先想辦法記住這些轉換規則才行，不過只要記住規則，每日的作業效率就會突飛猛進。

一般公認「記憶好」的人，大都會活用這些「外部記憶輔助」和「代號」（大部分的人是爲形勢所迫）。你只要有意識地活用「外部記憶輔助」和「代號」，有一天一定會被人稱讚「記憶力眞好」。

⚠ 為什麼棋士記得住棋譜？

前面說明了運用「外部記憶輔助」和「代號」，以減少記憶失誤的訣竅。其實經驗和知識，也可以發揮「外部記憶輔助」和「代號」的功用。

就以日本將棋專家爲例來說明吧。

日本將棋比賽勝負結果底定後，兩位對戰棋士立刻就會回顧剛剛的戰況，進行所謂的「感想戰」。最讓人驚訝的是，他們對於當天的棋譜（當時用哪一子走了哪一步），都記得一清二楚。

---

❶日文原書名《もし高校野球の女子マネージャーがドラッカーの『マネジメント』を読んだら》，中文版書名《如果，高校棒球女子經理讀了彼得・杜拉克》。

❷日文原書名《学年ビリのギャルが1年で偏差値を40上げて慶應大学に現役合格した話》。中文電影片名爲《墊底辣妹》。

乍看之下，會覺得棋士們的記憶力非比尋常。他們之所以可以做到這個程度，是因爲在棋士們的腦海中，早已因爲過去的經驗和知識，累積了數量龐大的棋譜變化。

換言之，他們其實不是記住每一顆棋子的位置，而是把這些資訊化爲符號，用壓縮資訊的狀態，記住棋譜變化。

此外，**將棋譜當成「一個故事」，也是他們能輕鬆記住的原因之一**。「對方先用這種守式，接著又用這種招式開始進攻了。啊，這裡用的是變化式。」棋士們就像在看電影一樣，把棋譜看成是許多招式組成的一個故事。

所以當他們在回顧剛剛的賽事時，回想起某個招式，這個招式就成爲「外部記憶輔助」，因此得以想起前後的招式。

乍看之下讓人覺得「記憶力超強」的棋士，其實從工作記憶的容量到「記憶力」本身，都跟我們差不多。讓專業棋士去記隨機的棋子位置時，他們的表現和一般人一樣，這就是最好的證據。

⚠ 經驗越多，記憶越簡單

工作也是一樣，知識及經驗累積得越多，記憶也會變得簡單。

新人之所以很難記住工作內容，是因爲經驗和知識不足，無法將資訊化爲「符號」，所以資訊量龐大。而且一項資訊又很難和其他資訊產生連結，無法把自己的知識和經驗當成「外部記憶輔助」，因此資訊處理進度裹足不前。

比方說讓上司和新人讀同一則報導，上司讀完一次就可以記住報導中提及的業界最新消息，並活用專有名詞和數字，可是新人不讀個兩、三次，可能根本就記不住。

之所以有這麼大的差異，就在於讀報導時是否能壓縮資訊幫助記憶，以及是否能連結已知資訊加深理解。要做到這一點，就必須具備知識和經驗，而不是因爲上司記憶力比較好。

如果希望儘早跟上上司的表現，唯一方法就是增加自己的知識和經驗。就算是現在不懂的報導，只要持續每天讀一點，積極地和上司、前輩談論工作，就可以加快經驗和知識的累積速度。

學習知識，讀書是有效的方法

工作必須累積實戰經驗，不過如果只是要累積知識，我建議大家多看書。因為書籍和網路上的片斷資訊不同，是經編輯重新組織、編輯成易懂的形式，甚至還有段落摘要的大小標題，可以協助記憶。

小標就是以抽象極端的方式，表現接下來要陳述的內容，也可說是內容的「代號」。或許大家平常不會注意到小標的價值，其實光是多一個小標，就可以讓資訊處理更為輕鬆。

要將網路上東一篇西一篇的文章、部落格散文等資訊，彙整成像百科全書的文集時，小標就是很重要的工具。不過考慮到後續資訊處理的容易性，書籍還是最有效率，而且也是成本效益最好的手段。

話雖如此，看書也不是只看一次，就記得住內容。

我想很多人都有類似的經驗，「剛看完書的那一瞬間，覺得自己好像變聰明了，可是第二天就幾乎全忘光了。」

想想工作記憶的容量，以及二十九頁介紹的遺忘曲線，就知道這是理所當然的結果。只讀一次當然不可能完全記住。所以如果眞想把書中的知識化爲己有，就必須反覆閱讀才行。

活用籠統又模糊的記憶吧！

有一個訣竅可以有效記憶、理解書本的內容。那就是活用籠統又模糊的記憶。

想從書的開頭逐字逐句記住是很難的事。不過如果活用「籠統又模糊的記憶」，如「那本書想表達的就是A、B和C三點吧」、「書的前半主要在說這些內容」等，就可以記住。

看到這裡，可能有人會覺得我好像在講廢話，也有人覺得這種記憶不牢靠。不過**人類的記憶原本就只有這種程度，只要想辦法活用這些記憶中僅有的內容即可**。

例如，看書的時候，不要一開始就逐字逐句詳讀，第一次只看標題也是一種方法。這樣雖然不能理解細節，但可以掌握全貌，「大概是在寫這些內容吧」。

同時這種籠統又模糊的記憶，對大腦來說負擔也輕，因此相對來說，具有比較容易記得久（知識化）的特性。

第二次以後，就將已經知識化的資訊當成「外部記憶輔助」來使用，逐步去了解細節。

換言之，讀書的方法不是「仔細讀」一次，而是反覆多次「讀個大概」。用這種方法，就算是未知的領域或難以理解的主題，也都能一直讀下去，而不會感到壓力。

順帶一提，這個技巧是我所提倡的速讀法「高速大量循環法」的一環。詳情請參閱拙著《雪球速讀法：累積雜學資料庫，達到看書十倍速，大考小考通通難不倒》（智富出版）。

避免發生「那份文件到哪裡去了？」的方法

「馬上就要開會了，我卻找不到花時間編好的資料！」

這也是工作時的記憶失誤之一。犯這種失誤並不是因爲資訊被擠出工作記憶，而是因爲是下意識的行爲，所以根本就不會進入到工作記憶中。

因此就算想破頭，也想不出「那份文件到哪裡去了？」，只能瞎子摸象到處找，或者是依序在腦內重現自己潛意識中（或許）記得的過去行爲。

乍看之下也不是什麼大問題，不過想想要花多少時間去尋找，就知道不能小看這個問題。要預防這種失誤，可以參考以下對策。

1. 減少東西

桌上如果散落著已經完成的專案資料，或很少派上用場的字典等，東西當然會不見。或許有人會說，「桌子越亂越想得到點子」，不過明明不是創意人，桌上卻很亂，上司只會覺得你是一個「沒有自律的人」。

此外有些人東西很多，是因爲他覺得「丟了很可惜」。如果你是這種人，或許應該換個角度思考，「用來擺東西的空間很浪費，找東西的時間很可惜」，從這個價值基準來思考看看。

2. 放在固定位置

如果想快速又有效地預防東西遺失，最好的辦法就是固定位置，「進行中的文件放這裡」、「手機放這裡」、「家裡的鑰匙放這裡」……爲了突顯固定位置，可以用專用的文件盒、手機架、小籃子等，更容易養成習慣。

不過太過複雜的規則反而難以養成習慣，所以儘量選擇不會造成負擔的規則，或者是活用收納小物。

工作上會用到的文件，還包含收據、名片、筆記、合約、報價單等，琳瑯滿目。如果嫌分類整理很麻煩，也可以全部掃瞄後，以OCR（光學文字辨識）功能轉換爲文字資訊，儲存在雲端，有需要時去搜尋即可。

了解記憶的極限，活用筆記等工具以消除失誤，這就是基本對策。

成為記憶達人的方法

成為記憶達人的兩大方法——「記憶術」與「賦予印象」

只要巧妙運用「外部記憶輔助」和「代號」，幾乎就可以消除所有記憶失誤。本節更進一步爲大家介紹成爲活用記憶的「記憶力達人」之路。要成爲記憶力達人有兩種方法。

其一就是活用「記憶術」。

所謂的記憶術，就是可記住圓周率數十萬位小數的人，或者是數十秒內記住隨機排列的五十二張撲克牌順序的人，他們所使用的技巧。不過記憶術雖然強，但也有其極限，所以我在基本對策中並未提及。

另一種方法就是「賦予印象」。

賦予印象不只可以減少失誤，還可以將記憶化為武器，讓對方留下強烈印象。具體來說，就是積極記住許多人都不擅長記的「姓名」、「數字」，並加以活用的方法。接下來先來說明記憶術吧。

⚠「記憶術」的基本原則①活用「場所」

記憶術有幾千年的歷史，現在書店仍銷售各種傳授記憶術的書籍。不過現代記憶術的基本原則，其實幾乎和古希臘時代一樣。

基本原則就是要活用「場所」和「圖像」。在為數眾多的資訊當中，人類特別擅長「場所」和「圖像」的相關記憶。

為什麼呢？

據說人類擅長記住「場所」相關資訊，是因為這些資訊是求生的重要資訊。

「哪裡有食物？」、「哪裡有動物天敵？」諸如此類的場所記憶，對人類（或社群）來說，可說是攸關生死的問題。

事實上最近的研究也發現，人類的腦細胞中，有專爲記憶場所而存在的「場所細胞」。

舉例來說，請回想一下你最近去拜訪過的公司或出差的地點。就算想不起由車站到目的地的路是怎麼走的，想不起細節，但你應該會發現自己記住不少資訊，像是「那棟大樓在右手邊的樣子」、「從那裡左轉就有那個」之類的資訊吧。

記憶術就是要大家活用人類原本就擅長的場所記憶。

在說明具體方法之前，先來說明記憶術的另一個基本原則，也就是「圖像」（印象）。

⚠「記憶術」的基本原則②轉換成「圖像」

圖像和場所一樣，對人類來說都具有容易記憶的特性。下面用一個例子讓大家實際體會這一點。

以下五個單字，看起來沒有任何關聯，請看著這五個單字，把它們記起來。

「中華料理」「咖啡」「美國總統」「奧運」「超市」

接著請翻開下一頁，試著記住下一頁的五個單字。

只有文字的資訊，和附上圖像的資訊，哪一種比較容易讓你記住呢？我想應該是有圖像的資訊比較容易記住吧。

據說這是因為圖像可以廣泛地訴諸五感，因此可以增加資訊的衝擊力。

說明過記憶術的兩大基本原則「場所」和「圖像」後，接下來就用一些簡單的例子，來說明如何具體活用吧。

◎ 圖像比純文字更能加深記憶

汽車

雲

十字架

草莓

貓熊

⚠ 記憶術的捷徑——「場所法」

接下來要介紹的記憶術「場所法」，可說是記憶術中最核心的方法。使用場所和圖像二者，根據以下步驟進行。

①決定要記憶項目的「固定位置」。
②將要記憶的項目轉換成圖像。
③將②轉換出的圖像放在①決定的固定位置。

就這麼簡單。①所使用的場所，可以是習慣走的一條路。例如，由家裡到附近電車站、公車站、便利超商等的路徑。

總之，先由自己家大門做爲起點，想出十個場所吧。這裡提供我的例子給大家參考。

自己家（大樓）大門→自家前的走廊→樓梯→一樓大廳→大樓信箱→一樓出入口大門→垃圾場→自動販賣機→大樓前停車場→停車場旁的農田

像這樣決定好十個場所之後，暫時閉上雙眼，在腦海中想像自己實際走一遍，確認自己是否能一一想起這十個場所。

接下來進入步驟②。

這個步驟是將想記住的項目轉換成圖像，在此就先以前面的十個單字爲例吧。

「中華料理」「咖啡」「美國總統」「奧運」「超市」

「汽車」「草莓」「雲」「十字架」「貓熊」

將這些單字轉換成圖像。

這裡舉的例子是比較容易轉換成圖像的例子，不過轉換圖像時不用想太多，只要有一點點相關即可。就算很蠢，或是從諧音去聯想，都沒有關係，就用你最先想到的圖像即可。

等到圖像浮現出來之後，就進入步驟③。將這些圖像放到①的場所。

在自己家大門和穿不習慣的皮鞋奮戰中的拉麵男。

↓走廊上有一灘打翻的咖啡，弄髒了好不容易才穿好的皮鞋。

↓在樓梯間碰到歐巴馬總統，總統很有精神地向我打招呼「Yes, we can!」。

↓一樓大廳正舉辦撐竿跳比賽。

↓每戶信箱都塞滿了同一家超市的傳單。

↓一輛法拉利擋住大樓的一樓出入口大門。

↓有一大袋栃乙女草莓被丟在垃圾場。

↓只要投錢進去，果汁就會從雲上掉下來的恐怖自動販賣機。

↓停車場變成基督教墓地。

↓兇惡的貓熊把農田弄得亂七八糟。

好了，現在你想得出來剛剛那十個單字嗎？

只是單純把圖像放在那個場所也行，不過如果可以把圖像放大，加上鮮豔的色彩，或是創造一些不可能的情境，越誇張越有衝擊力，就越容易記得住。

以上就是記憶術的核心，亦即「場所法」的實踐範例。

有人可能覺得很可笑，不過這可是許多參加記憶力競賽的選手們實際運用的技巧。特別是必須在短時間內記住時，十分有用。如果要準備考試，只要準備數百個場所，就可以在短時間內記住許多科目的目錄。

此外，有時就算回想出圖像了，卻想不出原本的項目。這時就再看一次原本的項目名稱，多反覆幾次，記憶自然就會扎根了。

另外市售的記憶術書籍中，有人主張「活用此技巧把整本書都記住吧」。不過就現實面來看，這實在是不可能的事，反而要花許多時間。如果是工作需要，也沒必要記住極端大量的資訊，所以只要重複利用數十個場所，記住重要資訊就夠了。

⚠ 容易忘但很重要的「人名」超簡單記憶法

接著告訴大家，如何讓別人有「你很厲害」的印象的訣竅。

你會記人名嗎？

我想很多人都不擅長記人名。

因爲**姓名不過是一種符號，本身並沒有意義，所以原本就不是容易記得的內容**。

舉例來說，我的職業、專攻、興趣嗜好、住址、家庭成員等，對編輯或壽險業務員來說，都是「有意義的資訊」，所以很容易記得。

不過就算我不姓宇都出，而是姓山田、佐藤，姓什麼都好，對我周遭的人來說實在沒有差異，因爲姓不過是代表我這個人的符號罷了。說得極端一點，就算我說「我的姓名是31542」，其實也沒有關係。

所以在許多人參加的交流會等場合認識別人後，不到一分鐘就忘了對方的姓名，這其實很正常。

雖然容易忘記，但做為一個社會人，記得別人的姓名是很重要的事。而且只是「大概記得」也沒有用處，所以門檻很高。

明明很重要，卻很容易忘記。正因為有這種反差，所以很多人都對於記住別人的姓名懷抱著憧憬。既然如此，只要比別人多努力一些，養成徹底記住人名的習慣，別人對你的評價和好感度自然會提升。

• 記住同學的姓名，成為「記憶達人」

其實就在前幾天，有一個機會讓我實際體會到記住人名的震撼力。那天我去參加大學同學會，畢業三十年來大家都沒見過面。

在會場時，大家圍繞著當年的大合照，試圖想起同學的姓名。已經過了三十年，不少同學已經失聯，連同學名冊都不見了，只能一起回想同學的姓名，試著用臉書等社群軟體搜尋同學的去向。

那時O君因為記得大家都記不得的同學姓名，因而收到所有人崇拜的眼神。

後來我問他，他其實並沒有記人名的特殊才能。他說剛進大學時，只要有空就會看班級名單。

因爲他很怕生，又從鄉下地方來到大都會，很擔心無法融入大家，就想說至少把同學的姓名記下來，所以只要有空，他就會看班級名單。換言之，他的記憶基礎就是「反覆」的結果。

而且在他的腦海中，現在仍會浮現當時名單的「影像」，實在了不起。

• 超簡單姓名記憶法

那麼到底該如何做，才能記住工作場合遇到的人名呢？

使用前面介紹過的記憶術基本原則「圖像」，是一個方法。以兒島先生爲例，可以想像「在只有兒童的島上稱王的樣子」等，然後將腦海中浮現的影像和他的臉連結即可。

不過其實還有更簡單的方法可以記住人名。

也就是在會話中故意使用對方的姓名。

舉例來說，在第一次商談的場合……

「（看著名片）您是齋藤部長吧。請多指教。」

「原來如此，我眞是長見識了。齋藤部長在生產領域很久了嗎？」

「也就是……。齋藤部長，請問您有沒有問題呢？」

「齋藤部長，今天非常感謝您百忙當中來見我們。」

在歐美，會話中很自然地會多次叫出對方的名字。可是在日本，就算不說出對方的姓名，會話也能成立。寫成文章看起來可能覺得很故意，不過在實際會話中，其實並不會不自然，也沒有人會因爲別人叫了自己名字而不高興。

初次見面時，想辦法反覆說出對方的姓名，就是記憶的關鍵。

鎖定關鍵數字記憶

爲了留給對方深刻的印象，另一個該記得的就是數字。如果在會議或宴會的場合中，遇到一位不只會說抽象論，還能說出具體「數字」的商務人士，你會不會很佩服「這人好厲害」？

數字具有魔力。它是不可動搖的客觀資料，因此說服力遠勝過抽象論。看看蘋果公司的發表會等，出現在大螢幕上的也都是數字。所以蘋果公司的發表會才給人那麼強烈的震撼。

業務員記住自己的目標和達成率等數字，應該是理所當然的。可是如果一位新進員工，能脫口說出公司三年前的獲利數字，上司大概會嚇得從椅子上摔下來吧。其實這位新人也沒完成什麼了不得的工作，可是大家應該會認爲「來了一位了不得的新人」吧。事實上在企業現場，只有一小部分人能說出數字。

數字的確不好記。話雖如此，我們也沒必要去記像圓周率那種數十萬位數的數字，所以差只差在有沒有心去記而已。

關鍵數字其實也沒幾個，而且跟考試不同，還可以帶小抄。所以要事先把重要數字記下來，和顧客或上司談話時，積極運用這些數字。

而反覆實際使用這些數字，便可以強化記憶。

所以第一步就是要找出這些關鍵數字。請試著先列出「只要記住這個數字，就會讓人印象深刻（或者更有說服力）」的數字清單，然後在會話中積極使用看看吧。

⚠ 日本的面積是「騎在鯊魚上的馬拉松選手」

就算鎖定了關鍵數字，但有人最怕的就是數字本身，很不擅長運用數字，也記不住。這樣的人請活用前面介紹過的記憶術，將數字轉換成具體圖像來記憶吧。

傳統的記憶法就是諧音轉換法，利用諧音將數字轉換成具體圖像。例如圓周率3.14159，就可以轉換成「山巔一樹一壺酒」。只不過每個數字都要想出諧音，其實也很麻煩。爲了簡化作業，有一種方法是機械式地將數字轉換成圖像，說明如下。

因爲日語五十音可分成五段十行，這種方法就是用數字的1去對應ア行（A行）（あ・い・う・え・お，讀音爲A、I、U、E、O）五個字中的任一個字，數字的2則對應カ行（KA行）的任一個字（か・き・く・け・こ，讀音爲KA、KI、KU、KE、KO）。

例如，日本總面積爲三十七萬七千九百平方公里，大約是三十八萬平方公里，所以將「38」轉換成「サ行（SA行）一個字＋ヤ行（YA行）一個字」的單字。可能的組合有很多，舉一個例子，像是「刀鞘（さや，讀音爲SAYA）」。其他還可以想成是「豌豆（サヤエンドウ，讀音爲SAYAENDO）」等。

如果你的腦海中能浮現一個刀鞘矗立在日本地圖正中央，刀鞘裡面有土，應該就可以輕鬆記住「日本的面積是刀鞘，就是38……」。

如果要記的是兩位數以上的數字，只要將兩位數分成兩個數字，各自依上述原則，想辦法找出具體圖像即可。如果是奇數位數時，請在最前方或最後方加上零，湊成偶數位數。

如果要記住更精確的日本總面積數字，就將「37」轉換成「サ行（SA行）的一個字＋マ行（MA行）的一個字」，將「79」轉換成「マ行的一個字（MA行）＋ラ行（RA行）的一個字」的單字，然後各自轉換後組合出圖像。

例如將「37」轉換成「鯊魚（サメ，讀音爲SAME）」，「79」轉換成「馬拉松選手（マラソンランナー，讀音爲MARASONRANNA）」。「馬拉松選手（マラソンランナー）」最好指定一位實際選手比較好。我會指定連續兩屆奧運都獲得獎牌的有森裕子小姐。然後只要想出騎著鯊魚環遊日本一周的有森裕子小姐的圖像，就會記得「日本總面積，就是鯊魚和馬拉松選手有森裕子小姐，所以就是『37』『79』」。

一開始可能會覺得很麻煩，不過習慣之後，就不需要每次去想對應數字的單字，而是只要看到數字，瞬間就會浮現單字。

請大家一起活用記憶術，記住姓名和重要數字，踏上記憶力達人之路吧。

第2章

注意失誤

Attention Errors

⊘ 文章的錯漏字。

⊘ 電郵寄錯人。

⊘ 數字搞錯位數。

⊘ 沒在聽對方的話。

⊘ 因注意力渙散，導致工作沒有進展。

只要閱讀本章，你就會知道犯這些失誤的原因和對策。

注意失誤發生的原因

⚠ 小失誤也會要人命

本章要談的是「注意失誤」。這是和注意力有關的失誤，「不小心弄錯」或「漏看」等都算是。就算犯的失誤很小，但要付出的代價卻可能是嚴重損失或重大意外。

以龐大系統的程式失誤爲例，只要小小一行有錯，就可能讓銀行的ＡＴＭ系統或飛機飛行系統等當機，影響數十萬，甚至數百萬人。另外也曾發生過證券商營業員入錯單，將股價和股數這兩個數字放錯位置，結果損失數百億日圓的意外。

隨著電腦及網路普及，現今這個時代，「不小心弄錯」已不再是一句「不小心」就可以帶過的了。

爲什麼會發生「注意失誤」呢？如果只要提醒一句「多注意一點」就可以預防，事情就好辦了。但可惜的是事與願違。

接著就來看看注意失誤的原理吧。

人總是視而不見

先來做個簡單的實驗。

請抬頭看看四周的風景。我想你會看到許多人和東西等，總之請仔細地觀察四周。

好了，接下來請教你一個問題。

剛剛看的風景當中，有藍色的東西嗎？如果有，是什麼東西呢？先別急著抬頭，閉上眼睛好好想一想。

我想幾乎所有人都想不起來吧。

請大家再看一次四周的風景。

這次所有藍色的東西好像是浮雕一樣，很明顯地跳出來了吧？

一樣是「仔細地」看著相同的風景，眞正會進入腦海中，留在工作記憶內的事情，會隨著你的注意力放在哪裡而有所不同。

人們自以爲有在看，其實是視而不見。換句話說，注意失誤其實不是什麼特別狀況，甚至可說是稀鬆平常的事。

有這種自覺，就是消除注意失誤的第一步。

⚠ 用「腦」而不是用「眼」看世界

「人們好像放眼望世界，其實根本是視而不見。」這是數十年來進展快速的認知科學研究所發現的事實。「錯視」（Optical Illusion）就是一個簡單易懂的例子。

下頁圖有兩個人。遠方的人看起來是不是比前方大？其實兩個人一樣大，這就是「錯視」的例子之一。心裡明明知道兩個人應該一樣大，可是看起來就覺得前方的人比較大。

這張圖在平面上畫出深度，離我們越遠的東西，看起來就越小。爲了補正這種現象，大腦就試圖讓右邊的人看起來比較大。這種大腦擅自進行的補正，就是「錯視」的成因。

我們自以爲眼見爲眞，其實

◎ 遠方的人看起來比較大？

進入眼睛的資訊必須經過大腦處理後才能識別。所以我們其實是用「腦」，而不是用「眼」看世界。

哈佛大學的實驗影片

你所看到的世界，其實是大腦處理後的世界，這是經認知科學研究證實的事實。因此「注意力」（Attention）才會和視覺有關。

原本我們就已經視而不見了，再加上注意的對象不同，導致有看得到、看不到的東西。

在這裡向大家介紹一個突顯這個事實的知名實驗。

這是「選擇性注意」的測試，以哈佛大學研究室製作的影片進行實驗。影片中身穿白襯衫和黑襯衫的隊伍分別手持籃球，在狹窄的空間裡交錯傳球給自己的隊友。

你可以經由以下網址連結到這支影片：

http://www.theinvisiblegorilla.com/videos.html

我強烈建議大家先看看這支長約一分鐘的影片，做完測試後，再接著看本書的內容。

影片一開始就丟給觀眾一個問題：

「請算出白隊的傳球次數。」

其實這個問題根本就是在誘導觀眾的注意力。這支影片的目的是要測試觀眾是否能注意到和籃球無關的大猩猩。

看過影片的人就知道，大猩猩的位置並非在畫面邊緣角落，而是堂而皇之地穿過傳球的人群，出現在畫面中央，十分醒目。可是幾乎所有觀眾都不曾注意到大猩猩的存在。

我第一次看這支影片時，也完全沒注意到。

人能注意的對象有限。只要注意力放在某件事上，其他的事就都入不了眼了。

⚠ 注意力增加就會壓迫工作記憶

請大家回想一下第一章曾提到過的工作記憶圖。

工作記憶的原理就是用注意力這隻「手腕」抓住新資訊，打造出「記住了」的狀態。因爲「手腕」數量有限，所以可以同時注意、記憶的資訊有限。

在前述的哈佛大學計算籃球傳球次數的實驗中，工作記憶是處於什麼狀況呢？我們用下頁的圖來表示。

有一隻手腕應該會對準白隊在傳的那顆「球」，有幾隻手腕一定是抓著白隊的「隊員」。

此外，也不能忘記傳球次數。

要將「一次、二次」的計算結果累積在工作記憶中，至少必須用掉一隻「手腕」。而且只要這隻手腕鬆開，好不容易數出來的數字就會全部消失不見，所以一定有相當程度的注意力集中在這隻手腕上。

爲了計算傳球次數，必須使用相當多隻「手腕」，自然無暇注意到其他事物，也可說是處於工作記憶滿載的狀態。所以注意不到大猩猩也是無可奈何的事。

◎ 注意力（Attention）不在大猩猩上

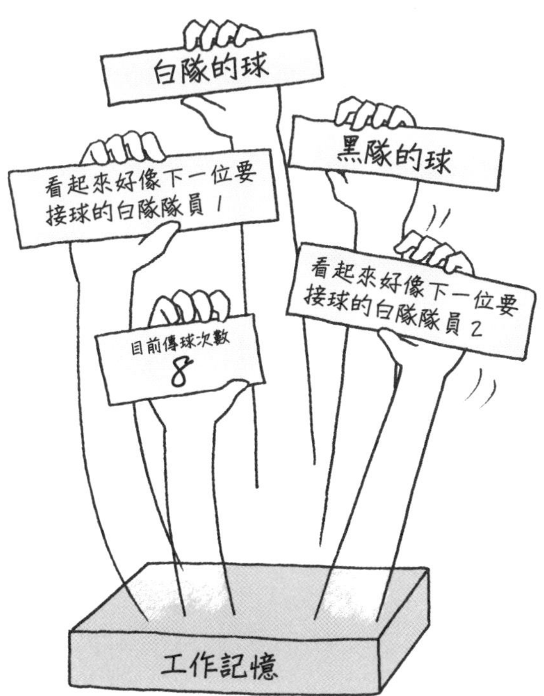

⚠ 為了不去注意，反而更會注意

另外，影片中還耗用了其他的工作記憶「手腕」，你知道是什麼嗎？那就是身穿黑襯衫的黑隊。

大家或許以爲「可以忽視黑隊，所以不需要用到注意力」，其實**為了忽視（專業說法是「抑制注意力」），反而必須注意**。

工作時的手機就是一個例子。你有過工作時非常想滑手機的經驗？除了喜歡玩手遊，可能也想看看簡訊、臉書等社群媒體、自己有興趣的新聞等。當你忍著不去拿手機時，其實工作記憶的「手腕」，也就是你的注意力，早就跑向手機和手機Ａｐｐ了。

「很在意」及「無法集中」的狀態，其實都在使用珍貴的「手腕」。

⚠ 「不安」和「擔心」剝奪了你的注意力

常犯注意失誤的人有一個共通點，那就是浪費「手腕」。因爲太浪費了，所以原本應該注意的工作，反而無法分到足夠的「手腕」。

那麼注意力到底去哪兒了？

除了前面提到的手機等「外部」事物，其實「內部」也占用了注意力。內部指的就是對自己心情的注意，尤其是「不安」、「擔心」及「後悔」等情緒特別浪費注意力。

一旦開始注意這些情緒，就會一發不可收拾，越陷越深，等到自己發現時，所有手腕可能都已經被占用了。

最近的調查結果發現，當一個人清醒時，有將近一半的時間都在思考和當下行爲無關的事。

換句話說，人的注意力很容易渙散，要減少注意失誤，做出成果，就必須確實管理好注意力這項珍貴的資源。

避免注意失誤的基本對策

⚠ 基本對策就是「不要努力」

接著根據注意失誤發生的原理，來說明基本對策。

第一個對策就是「別想著要仔細看」。

我好像聽到有人在吐我槽：「你說反了吧。」可是不論再怎麼提醒自己要「看仔細」，有時反而會因此犯錯。

比方說，在你眼前用硬幣或紙牌進行的桌邊魔術，你越想著「我一定要看出他的破綻」，就越陷入魔術師的陷阱中。魔術師是誘導注意力的專家，你的視野會因此變狹隘，而出現注意力死角。

所以不要太努力，也就是別讓視野變得極小，反而是關鍵所在。

特別是個性認眞，和半瓶醋響叮噹的人，越容易受到先入爲主的偏見影響，或鑽牛角尖，導致視野變小，注意不到視野以外的事物，因而犯下失誤。

第四章「判斷失誤」還會再詳細說明。總而言之，先入爲主的偏見和鑽牛角尖等「記憶」，也會對「注意力」帶來不良影響。

不努力的萬靈丹

聽到「不努力」，有人可能覺得很茫然吧。

所謂的「不努力」，指的就是要俯瞰全局，也就是要用比現在更寬廣的視野去看事物。就像大猩猩影片一樣，人有容易向前傾的性質，導致視野變得狹隘。理解這一點後，就要提醒自己挺直身軀，抬起頭來綜觀全局。

當然有時人也必須向前傾。號稱終極專注狀態的「化境」（Zone）及「心流」（Flow）等狀態，就必須向前傾才能進入。

視野狹窄可能導致漏看重要關鍵，知道這個大前提很重要。

用架構移動注意力

預防視野狹窄的有效工具，就是名爲「架構」（Framework）的顧問常用工具。

所謂架構，也可說是**「事先決定好應該注意什麼的原則」**。

舉例來說，思考企業戰略時常使用「３Ｃ」架構。３Ｃ指的就是公司（Company）、顧客（Customer）、競爭對手（Competitor）。

因爲導入這項工具，將原本只注意到Company的經營團隊的注意力，強制分散到Customer和Competitor身上。因此可以減少發生「完全忘了顧客的存在」、「競爭對手出乎意料地難對付」等注意失誤的機會。

企業之所以付出高額費用聘請顧問，導入這類架構，目的就是要預防自己的視野變窄，提高經營判斷的精確度。

或許有人認爲「不借助外力，只要自己有意識地俯瞰，不就行了？」

不過企業有自己的文化，所以注意力很容易偏頗。正因爲知道自己有這樣的缺點，所以才要導入外部觀點。

⚠ 習慣單純作業，注意力就會增加

我們再回到前述的大猩猩影片吧。

第一次看這支影片的人當中，的確有人可以正確算出白隊的傳球次數，同時又注意到大猩猩。

這種人是什麼樣的人呢？

我猜應該是有在打籃球，或是平常很常看籃球比賽的人吧。因爲習慣看籃球賽的人，看影片時也較有餘裕去注意到其他細節。

工作也是一樣。經驗越多，就算不投注全副精力，也能把工作做得又快又正確。也就是可以減少工作時需要使用的「手腕」數量。

因此想要減少工作時的注意失誤，就是要儘快上手。

雖然不能一言以蔽之，不過像是打雜般的單純作業，只要多做幾次就會變得公事化。**只要不消費注意力的工作增加，自然就可以增加分配到其他重要工作的注意力**。

一般人都對單純作業敬而遠之，其實你應該積極面對單純作業，儘快熟悉並上手，就可以游刃有餘。這麼一來，自然有餘力將難度較高的工作做得更好，進而熟悉並上手這些工作，然後得以負責更重要的工作。

⚠ 你可以邊開車邊聊天嗎？

注意力和熟悉度的關係，用開車來比喻應該就一目瞭然了。習慣開車的人可以一邊開車，一邊和車上乘客聊天。但如果是新手上路，應該就無法這麼瀟灑了。

因爲新手的工作記憶中，塞滿了在駕訓班中學來的開車操作和注意事項、交通規則等。而且不習慣開車，就無法掌握視覺資訊的取捨選擇重點，會想著要掌握住來自前方、左右後照鏡的所有資訊。

這種狀況下，就算同車乘客開口找你聊天，你一定也注意不到。

等到開車經驗越來越多，身體自然會記住開車的操作（其實是記在大腦內專門記憶動作的領域內）。這麼一來，就沒必要使用工作記憶了。

至於視覺資訊，累積經驗後就可以分辨「這種局面只要確認這和這即可」，所以只需要最低限度的注意力。

再回頭談工作。比方說校正時沒發現，以至於重要資料上出現錯字時，大家都習慣去追究「校正作業的品質」。不過**其實更重要的事，應該是反省注意力是否被用在「校正作業」以外的地方**。

該反省的地方不去反省，反而下定決心「下次要更認眞校對」，結果可用的注意力可能數量一樣，甚至因爲分了部分注意力在「要減少犯錯」上，可用的注意力說不定更少，反而犯更多錯。

這正是常犯注意失誤的人所陷入的惡性循環。

減少浪費注意力的方法

前面說明了活用架構，有意識地分配注意力，以及工作越上手越有餘裕等注意失誤的基本對策。

還有一個基本對策就是減少浪費注意力。

工作時老是無法專心的人，心中大都有各式各樣的擔心和在意的事。因爲想太多，所以呈現「手腕」不足的狀態。

有一個簡單的方法可以避免陷入這種狀態。這個方法就是說出來或者寫下來，也就是輸出。

幾年前的一本暢銷書《零秒思考力：全世界最簡單的腦力鍛鍊》，作者赤羽雄二原本是麥肯錫顧問，內容主要是說明瞬間找出答案的方法。

赤羽雄二教大家的方法很簡單。只要準備空白的Ａ４紙（據說他建議大家使用不要的文件背面），寫下自己在意的事。就只有這樣。

這個做法的確很有效。

因為寫下占據工作記憶的擔心或在意的事，就可以讓注意力的手腕放開這些事。工作記憶因此行有餘力，得以更有效率地處理資訊和思考。

當然光寫出來，並不表示就可以完全從腦中消失。不過至少可以減輕負擔。

養成再看一次的習慣

注意失誤和記憶失誤一樣，不可能完全消除。受限於大腦結構、注意力極限，只要是人，就難免犯錯。

然而我們卻被要求在特定工作時不能犯錯。

因此在任何人都會犯下注意失誤的前提下，必須事先架好不因犯錯而受害的「安全網」。

最常見的安全網就是公司內部常見的檢查作業。

特別是新人交報告或報價單等文件給上司時，一定會被上司叨唸：「你有仔細檢查過嗎？」這是因為檢查作業是所有工作的基礎（而且事後被上司指出錯誤更麻煩）。

例如，下頁表中常見的注意失誤種類，都可以靠檢查作業來預防。

◎ 預防注意失誤的檢查作業

電子郵件、報告、簡報資料等的錯漏字

對策 再看一次

檢查完錯漏字後，建議再印出來看一次。因為注意力很容易集中在錯漏字的修正部分，而忽略了附近的錯漏字。

訂單、報價單的輸入錯誤

對策 比對原始資料

與其在畫面上檢查，不如印出來比對原始資料，更為精確。故意打造出不同於輸入時的狀態（看習慣的電腦畫面），改變注意的方式，更可能將注意力導向輸入時的死角，發現錯誤。

弄錯約定的日期時間或地點

對策 再次檢視行事曆
重要約會要再跟對方確認一次

紙本行事曆在確認預定計劃時，連前後日期的預定計劃都看得到，不知不覺中其實就是在檢查行事曆。可是如果是電腦或手機上的行事曆 App，常常只會看到必要部分，容易忽略忘記寫下來這種很蠢的錯誤，所以務必小心。
每天至少看一次前後一個月的預定計劃吧。

⚠ 檢查表建議

檢查表可以讓檢查作業明文規定化。

我想在品質安全第一的製造業和建築業等業界工作的人，應該每天都會用到檢查表。

最極端的例子就是飛機機師。因爲注意失誤攸關生死，不論機師如何資深，也必須依照龐大的檢查表規定工作。

不論什麼工作，檢查表都能發揮效用。

有了經驗後，的確可以知道應該把注意力分散到哪些部分，如「上次忘了做那件事，這次要注意」、「這是容易出錯的部分」等，這也是資深人員的價值所在。如果只仰賴自己的記憶，實在欠缺效率。光是回想起來這個行爲就會壓迫工作記憶。

只要花一次工夫編好檢查表，以後就不需要用頭腦去記，工作效率自然會提升。就算現在的工作沒有檢查表，我也大力推薦各位編製一張屬於自己的檢查表，每天工作時好好運用。

以常出差到國外的人爲例，只要花一次工夫做好「必帶物品表」，就可以快速打包完成，也不會再有那種「好像忘了帶什麼東西」的不安心情（這也是浪費工作記憶的原因之一）。

雖然這種作法很原始，好像小時候編的遠足注意事項，可是效果極大。只要花一次工夫編表，之後幾乎永久有效，所以不編反而是自己的損失。

如果覺得自己檢查還不夠，還可以請同事一起檢查，兩個人以上看過更爲安心（覆核）。經過這些步驟的提案，上司應該也很有興趣聽才是。

改變注意方向

前面提到要檢查錯漏字，只要重看一次就好。不過如果文章很長，光重看一次應該也無法發現所有錯漏字。

我任職出版社時，也曾負責檢查錯漏字的校正工作。我第一次把校過的稿子交給上司時，曾被上司怒斥：「你這傢伙，眞的看過了嗎！」我明明很用心校正，卻仍有許多錯漏字。

當時我的震驚難以言喻，已經遠超過想問「爲什麼？」的心情了。因爲我眞的不是隨便看看而已。

日後當我校正經驗多了之後，我發現校正時需要的注意力，和平常私底下閱讀的注意力，有根本上的差異。

也就是注意的方向不同。

一般看書時只想理解內容，並不會特別去找錯漏字。當大腦處於讀書模式時，就算有錯漏字，大腦也會自行校正（轉換成正確的文字）。在這個模式從事校正工作，就算有錯也無法發現。

因此**校正時要有意忽略內容、不在意文章脈絡，只專注在眼前的文字上**。當然校正時也必須檢查內容，但不能同時進行，必須改變注意的方向。

例如，「錯漏字尋找模式」、「數字錯誤尋找模式」、「插圖錯誤尋找模式」、「文章脈絡修正模式」等，好像每次都要戴上不同的眼鏡一樣。

出版社的工作經驗，讓我體會到看到的東西，會因注意方向而有所不同。

⚠ 編製待辦清單（TO DO LIST）

只要談到工作方法，就一定會提到待辦清單，這也是預防注意失誤的有效方法。待辦清單有兩個目的：「想起應該做的事」和「進度可視化」。

第一個目的和注意失誤特別有關。只要編好待辦清單，在著手做某件事的瞬間，就可以暫時先忘記清單上的其他工作。這也正是節約工作記憶。

進度可視化則有助於減輕不必要的擔心，如「工作好多哦，不知做不做得完」等。這也有助於節約工作記憶。

順帶一提，商務人士愛用的LinkedIn調查結果顯示，有四十五％的日本商務人士使用待辦清單（十五個國家中墊底。第一名是巴西的七十三％）。

不使用待辦清單的人或許認爲，「早就已經記在腦中，不用特別寫下來，而且也做得不錯」。可是就像到目前爲止的說明顯示，記在腦中其實就已經占用、浪費了寶貴的工作記憶。或許大家可以換個角度這樣想：如果使用待辦清單，「應該會做得更好」。

實際編製待辦清單的步驟和原則，講究起來也有很多方法，專用Ａｐｐ也很多，讓人眼花撩亂。

不過編表的目的是要釋放「注意力」的手腕，格式並不重要。只要把焦點鎖定在減少注意力浪費，釋放工作記憶維持清爽的狀態這一點上，然後用自己的做法去執行即可。

例如，一大早到公司開始工作之前（或是前一天下班前），就依照想到的順序，把今天的待辦事項寫在回收紙上，做完就劃掉。

光是這樣做就夠了。

「立刻去做」可以釋放工作記憶

最近一本銷量超過二十萬本的暢銷書《結果，立刻去做的人得到一切》（藤由達藏著，方智出版）蔚爲話題。「立刻去做」也可以減少注意力的浪費，是充分活用工作記憶的手段之一。

「立刻去做」就不用記，工作記憶因此獲得釋放，我們才能充分活用工作記憶。

此外只是想而不立刻做，因爲無法預知未來，就算成功的可能性很大，也會越想顧慮越多，注意力因此不斷分散出去。

這麼一來，工作記憶就會滿載，常會做出一看就很像在找藉口的決定，如「不下結論是因爲現在還不是下結論的時機」。

公司也常常開了許多次會之後，仍得不到明確的結論，結果還是選擇維持現狀。

人類有動物的求生本能，趨吉避凶，天經地義。而且人類很聰明，要想出「不做的理由」，根本就是輕而易舉的事。

老把注意力放在看不到的「不安」和「風險」上，就無法注意到「可能性」，這也可說是一種注意失誤。

「立刻去做」就是不做不必要的考慮，把重點放在付諸行動上。只要行動，一定會有某些反應和結果。**也就是把筆記寫在外部世界中**。

然後根據自己寫的內容，再次化爲行動。

我想大家應該可以了解，這麼一來，工作記憶會經常處於清爽的狀態，也就可以充分活用注意力。

「立刻去做」不等於「什麼都不想」。行動就是不在腦海中寫筆記，而是一邊寫在大腦以外的「世界」，一邊有效地思考。

完成未完成事項

越是處於不上不下的狀態，越會留在意識中，這就是心理學所謂的「蔡格尼克效應」（Zeigarnik effect）。

舉例來說，連續劇進入高潮時，突然來個請待下集分曉，觀眾一定很在意後續發展。這種現象就是蔡格尼克效應。

因此，如果想把什麼東西留在腦海中，就可以積極運用蔡格尼克效應。可是大家也知道「很在意」的狀態，其實就是占用注意力，因此如果目的是要減少注意失誤，就必須儘量減少這種不上不下的狀態。

觀衆當然無法左右連續劇什麼時候來個下集分曉。但自己的工作卻可以自己斟酌決定。舉例來說，一旦決定今天要做完這些工作，就算加一點班也要把它完成。這麼一來不但有成就感，大腦也不會累積壓力，還可以釋放注意力，啤酒喝起來應該也會加倍美味，心無罣礙，也能獲得良好的睡眠品質，第二天又可以順利工作。

把事情做完，不只對於眼前的工作來說很重要。比方說，因爲隱瞞某件事，必須向上司道歉卻還沒做；有本書一直想讀卻沒讀；一直想去和某位經營者談談也沒去。

只要是人，就會有一些未完成事項在心中。

不知不覺中，這些未完成事項可能已經占據了你的注意力。所以半年或一年一次，將自己在意的事或還未完成的事寫在「未完成清單」中，設定預定完成日，一件一件地解決吧！

這就是人生的待辦清單。

當然這些未完成事項不見得每件都有辦法完成，檢討後，有時或許也會做出不放在清單上的判斷。這樣也無妨。只要其中有一件事能解決，就一定可以減少注意失誤。

成為注意達人的方法

多工還是單工？

如果請教注意達人，可能會以爲他們可以不用記筆記，還能同時做對好幾件事。

可是本書看到這裡，大家應該知道「注意力」是有限的資源，而且我們還會視而不見，所以不記筆記同時又做對許多事，不過只是幻想罷了。

大家常在工作場合上討論，到底是同時做許多事的「多工」比較有效率，還是只專注在一件事的「單工」比較有效率？

因爲**「注意力」是有限的資源，雖說是「多工」，其實不過是快速切換單工模式而已**。因爲快速切換去做不同的事，可能因此以爲自己同時做好多事，可是在這裡我要提醒大家注意切換時產生的錯誤。

工作做到一半有人來找你說話，或有電話進來，或是去檢查電子郵件，以至於中斷手邊的工作，結果就回不去了。我想大家應該都有過這種經驗。

雖然不過是很短的時間，可是想到一天的工作切換次數，這就是可觀的浪費。所以乍看之下好像很有效率的多工作業，想到這種切換浪費，其實不能說是有效率的作法。

特別是現在新聞、電子郵件、社群媒體、各種Ａｐｐ的推播通知等，常常會打斷我們的工作，也就是說，即使什麼都不做，也難免要處於多工模式中。

既然如此，在自己可控制的範圍內，如果不讓自己處於單工模式，工作品質只會越來越差。做得到這一點的人，才可謂是注意達人。

「化境狀態」、「心流狀態」是通往注意達人之道

專注在一件事上，彷彿只做那一件事的終極形態，就是所謂的「化境狀態」和「心流狀態」。人只要一進入化境狀態，就會忘記一切雜念，更容易發揮自己的潛能。

進入化境狀態後，意識會集中在目標上，但其實幾乎沒用到注意力這項資源。

這是因爲此時人並不是有意地將注意力朝向目標，而是處於很自然地注意到目標的狀態，再進一步來說，也就是處於人和目標合一的狀態。

工作記憶因此清爽，資訊處理精度高，甚至會覺得頭腦反應變快了。在這種狀態中，工作突飛猛進也是理所當然的結果。

所以最理想的狀態就是隨時都能進入化境，不過光是叫你「進入化境狀態」，或是自己告訴自己，也無法進入這個境界。但是有一些方法，可以幫助自己更容易進入化境狀態和心流狀態。

接下來我來具體說明這些方法。

進入化境狀態的六大方法

進入化境的大腦狀態廣受矚目，是從運動領域開始。因爲許多一流選手都會活用化境狀態。

爲了進入化境狀態，運動員通常都會有一連串的固定動作，一般稱之爲「儀式」。以最近的例子來說，二〇一五年世界盃橄欖球賽打敗強敵南非的日本代表隊選手五郎丸，衆所周知他在踢球前一定會有一個儀式，也常有人提及這個儀式對五郎丸選手的重要性。

儀式是幫助自己更容易進入化境狀態的一個方法。本書共彙整出六大方法：

①決定儀式
②置身於最容易專注的環境
③明確的工作意義
④具體化要做的事
⑤調整工作難易度
⑥彙整類似的任務

不管多忙，準時下班的人和工作快又不出錯的人，都是巧妙活用專注世界的注意達人。

⚠進入化境狀態的方法①決定儀式

首先來看看儀式。

所謂儀式，指的就是讓大腦記住「做這個動作就表示要專注」，算是事前準備的動作。相當於在大腦中寫入一個程式。

也就是讓大腦記住輸入X就要輸出結果Y。

當面臨決定勝負的關鍵時，大腦處於極端壓力下，會出現各種妄想。結果注意力的「手腕」被莫名地占用，導致壓力增加，最後甚至出現肌肉僵硬等對運動員來說，極為要命的影響。

所以才會有儀式的出現。舉行儀式讓注意力朝向自己的動作這個「外部」因素，藉此讓注意力由擔心和不安等「內在」妄想中獲得解放，清除大腦的雜念，因此更容易排除不必要的身體緊張。

換句話說，**不要讓注意力集中在「進球」這種不確定的結果，而是集中在「儀式」這種已經確定的過程，可以預防注意力渙散**。

此外一旦注意力朝向儀式，啓動儀式自然就會出現身體已經記住的動作。因為不需要把注意力分散到動作上，以橄欖球爲例，就可以更敏感地偵側風向、強度、濕氣、自己的狀況等精密資訊，然後根據這些資訊做出最佳動作。

工作也是一樣。除了像工匠作業般，是否能穩定發揮身體記住的事，會導致成果不同的職業外，即使是白領工作，如果有可以讓自己順利融入工作的儀式，就更容易從各種狀態切換到專注工作的模式。

從工作前一定要喝某種咖啡這種小細節，到重要簡報前一定要繫上自己的戰鬥領帶討個吉利，這些都是很好的儀式。

重點就是在自己的大腦中寫進一個程式，告訴自己做了某件事就要進入專注工作的模式。至於要做什麼事，其實都無妨。

重要的是過去無意識地進行的儀式，現在要有意識地去做。如果還沒有這樣的習慣儀式，也可以觀察身邊能幹的前輩等，偷學他們的儀式和使用方法。

⚠ 進入化境狀態的方法②置身於最容易專注的環境

就某個角度來看，儀式就表示不論身處什麼環境，都要集中注意力，讓自己更容易進入化境狀態，這的確很難。

如果是比較能自由改變環境的人，有意識地重現自己容易集中專注的環境，這或許是門檻較低的做法。

我們先來看看構成環境的一些要素。

• 時間……建議利用清晨

大家以爲最容易集中注意力的時段是幾點左右呢？

大多數一流商務人士的回答都是「清晨」。

其實越來越多公司會獎勵一大清早就來公司上班的員工。這也表示清晨工作生產力較佳的想法已經廣爲人知。

腦科學研究也證實清晨工作有很多優點。

工作一天後的大腦會利用夜間睡眠期間，整理當天的記憶。只要回想一下自己晚上做的夢，應該就會發現夢的內容其實和當天見到的人、和別人的會話、狀況設定等有關，也就是和當天看到、聽到、經驗到的事，或者自己腦海中和這些事有關的過去記憶有關。

記憶在夜間經過整理後，第二天一早醒來時，工作記憶就處於完全清空的狀態，是頭腦最清晰的時候，也是最適合進入化境的狀況。

如果是上班時間前，幾乎沒人會打電話來公司，也不會有人突然登門拜訪。分散注意力的要因很少，工作當然可以順利進行。

順帶一提，我的起床時間是三點到四點之間。一起床我就會立刻帶著筆記型電腦，開車到附近的家庭餐廳著手寫書或企劃案。

這個時段客人少，頭腦又很清晰，經驗告訴我，這個時段工作最有效率，所以就養成這個習慣了。

當然有些人是夜貓子。一個人是早起的鳥兒還是夜貓子，會受到體溫變化的節奏影響，聽說還跟基因有關，所以夜貓子也沒必要一定要早起，只是知道早起的鳥兒有什麼優點，也沒損失就是了。

•地點……重要的環境，也是儀式的起點

說到環境，挑選地點也很重要。

聽說最近越來越多公司導入無固定座位的辦公室。座位不固定的確有助於員工交流，避免老是只跟相同的成員溝通，可以接受到新的刺激，或許還有助於建構協調體制（當然活用辦公室空間，應該才是導入無固定座位制的主因）。

然而老是在換座位，我想就更難進入化境狀態了。因爲「坐在自己的位子上」這個行爲本身，對某些人來說就是一種儀式。

而且座位改變，印入眼簾的風景自然不同。

眼前的電腦是不變的環境，只要專注在電腦上，周圍的視覺資訊就像是大猩猩

的影片一樣，不會進入視野內。話雖如此，整天被「半生不熟的人」看著，這種感覺可能會占據人的注意力。

我也聽說過一些好不容易導入無固定座位制的公司，結果員工都只坐在固定位置，或是本就不積極參與溝通的員工，因爲座位不固定，會話的機會更少，結果因爲沒有歸屬感而提出辭呈等例子。

什麼樣的地點有助於專注集中，我想因人而異，最佳環境也會因作業而異吧。只有一點是確定的。那就是引起注意失誤的主因外部刺激，可以經由工作地點的選擇，大幅減少。

・隔絕資訊……脫離會吸引注意的東西

現代社會可說是「爭奪注意力」的社會。走在街上或上網時，幾乎所有地方都有廣告，用刺激性的影像或標題，試圖吸引消費者注意。

正因爲是資訊氾濫的時代，知道如何隔絕資訊才更加重要。

我從某個電視節目中得知，《灌籃高手》和《浪人劍客》的作者井上雄彥，在決定對一部漫畫來說最重要的作品名稱時，會去幾家自己喜歡的咖啡廳。

明明除了住家，還有自己的事務所可以辦公。問他爲什麼要去咖啡廳，據說他的回答是「家裡和事務所內，誘惑太多」。

在家裡完全不用在意他人眼光時，很容易就會一直掛在網路上。如果房間裡很多自己的嗜好品，注意力更容易飄走。

如果是在咖啡廳這種公共場所，就不會有這些誘惑。井上雄彥**很清楚自己的弱點，有意地置身於可以隔絕不必要資訊的環境中**。

努力想控制注意力，這種做法不過是浪費工作記憶。而且大多數人都會因此感到挫折。

然而只要選擇一個不需要控制注意力的環境，自然可以減輕工作記憶的負擔，輕輕鬆鬆集中注意力。

這個想法很重要。

如果你能有「編這份資料時我不希望被任何人打擾，所以就躲在公司內最安靜的資料室內吧」這樣的想法，就表示你離注意達人又更近一步了。

• 遠離手機……注意力大敵

前面提到我會到家庭餐廳或咖啡廳寫稿，而且我其實不會帶手機去。智慧型手機是現代上班族的利器，但同時也是消費注意力的大敵。

電話、LINE、Messenger、推特、電子郵件、臉書、IG、Snapchat、YouTube、手遊等，這樣的一支手機根本就是誘惑的全員大集合。如果還設定開啓這些軟體的通知，更不可能專注在原稿上。

推播通知可以彌補記憶失誤和注意失誤，功能優異。但是我想大家收到的推播通知，有一半以上都相當於垃圾訊息吧。

有一段時間我曾試著開啓靜音模式，然後把手機丟入包包裡。可是只要知道包包裡有手機，還是會忍不住去想：「啊，我好想看臉書的動態消息啊……」之類的，根本就是手機中毒的症狀。

因為注意力被占用了，根本無法集中在原稿上。所以我才會想，乾脆就在接觸不到手機的場所工作好了。

有人曾經問我：「身邊沒有手機，不會不方便嗎？」

一開始的確很擔心會不會漏接了重要信件和電話。可是冷靜下來想一想，自己的工作屬性又不是分秒必爭的工作，所以根本也沒必要即時回信。

• 安靜……適度的雜音比完全安靜好

環境難免有雜音。安安靜靜的環境比較容易進入化境狀態嗎？

其實倒也不是。

這當然會與每個人長大的環境和習慣有關，無法一言以蔽之，不過太過安靜的場所只要有一點點小聲音，注意力反而立刻會分散。

而且太過安靜時，更容易發現自己心中的想法，注意力因此受到影響。坐禪通常要在安靜的環境下進行，這正是因爲安靜的環境有助於一個人傾聽內心的聲音。

一般來說，容易進入化境狀態的環境，就是街頭巷尾的咖啡廳。咖啡廳特有的「吵雜」環境音，正好有助於集中注意力。

「適度的吵雜」可以讓這些聲音合而爲一，成爲背景音，讓人處於耳朵雖然聽得到，但大腦卻完全沒有在聽的狀態。

在網路上搜尋「環境音樂」，還可以搜尋到以咖啡廳的吵雜音、滴滴答答的雨聲（這也有助於集中注意力！）、路上的喧鬧聲等爲音源的音樂呢。

如果你工作的場所有適度的「吵雜感」，當然很好，如果實在太過安靜，也可以以這類環境音樂爲背景音樂，打造出吵雜的感覺，這也是一種有效的做法。

• 音樂……請積極活用

除了環境音樂，巧妙運用一般音樂也有助於提高注意力。

有些家庭餐廳和咖啡廳會使用有歌詞的音樂做爲背景音樂。一開始可能忍不住會注意到歌詞，可是如果是幾首曲子反覆播放時，習慣後就真的會變成背景音樂，讓人很自然地進入化境狀態。

聲音可能是大敵，也可能是助力，端看你如何使用。所以必須有意識地管理聲音。

舉例來說，大家應該常看到運動選手在出賽前戴著耳機聽音樂的身影吧。聽自己熟悉又喜愛的音樂，可以讓他們保持平常的專注狀態，更容易進入化境。

選擇容易進入化境的音樂，重點就是前面提到的做法，只選幾首曲子反覆播放。最好是只有一首。

選擇自己喜歡的曲子也行，**重點是反覆聽，讓大腦不再將音樂視為「新刺激」**。

此外，改變曲調也可以控制自己的心情，不過這一點和注意力無關就是了。例如，想仔細思考企畫、深入思考時，就故意選擇慢節奏的曲子。反之像是寫作這種容易停頓的作業，就故意選擇快節奏有動感的曲子等等。

現在音樂唾手可得，過去不曾意識到音樂功用的人，請積極嘗試活用音樂吧。

進入化境狀態的方法③明確的工作意義

前面從儀式和環境的角度來探討進入化境狀態的方法。接著不能忘記談的是進入化境的對象本身。

這麼說是因爲我們不可能全神貫注在不知道有沒有用的工作上。人天性愛享樂，因此如果感受不到比想偷懶更強烈的「信服感」或「必要性」，就很難進入認眞工作的模式。

對於眼前的工作，如果缺乏「我要全力以赴」的幹勁，就先不要去想儀式之類的事，而是要先想清楚這件工作的意義。

舉例來說，假設主管要你在公司內部的例行會議上擔任會議記錄。要寫會議記錄就必須仔細傾聽發言者的話，然後手也不能停，要一直記才行。老實說實在是一件吃力不討好的工作。

可是抱持著這種被動消極的想法，無法把工作做好。所以重要的是對工作要有「問題意識」。問題意識可以讓人專注在一點上，就像是大猩猩影片片頭的問題一樣。

以這個例子來說，你可以先問自己「這件工作到底有什麼意義」。

你可能因此會發現會議記錄的經驗，有助於了解個人或整個部門的想法，也可以更爲了解公司內部的權力關係，或者是寫會議記錄有助於訓練自己擷取重點。

這麼一來，雖然是件麻煩事，卻可以想成是對自己有價值的作業。如此這般，用更概略的角度去看一件事，也就是所謂的「向上歸類」（Chunk up）的技巧。**Chunk**就是塊狀的意思。

進入化境狀態的方法④具體化要做的事

理解了工作意義，也提高了工作幹勁，有時還是無法付諸行動。以下這些工作是不是讓你特別有這種感覺呢？

- 範圍太廣，不知從何著手。
- 總之就是費工的麻煩事。
- 期限不明的工作。

不論是哪一種，都有一個共通點，就是不知道「自己現在應該做什麼」。不管幹勁再怎麼強烈，無法想像具體行動，就無法付諸行動。

此時就應該細分工作。也就是和前面提到的「向上歸類」相反，要「向下歸類」（Chunk down），把抽象的工作細分成許多小工作，讓工作更爲具體。

假設你必須決定一本書的書名。到期日還很遠，可是你也知道越早決定越好。編輯告訴你書名可以自由發揮。

這樣的工作可以讓人進入化境狀態嗎？

喜歡創意作業的人可能會爲了找線索，去圖書館查資料，或者是先準備好Ａ３的紙，寫下象徵那本書的關鍵字等，爲了決定書名而有一些實際的動作。

可是大多數的人聽到「自由發揮」時，反而會覺得困擾。因爲不知道從何著手，深思熟慮後可能決定「先來杯咖啡吧」，而離開座位。

其實這種時候應該「向下歸類」。

要決定一本書的書名，首先就是想出許多可能的書名，然後再從中選出一個。

因此這一件工作就被細分成兩件。

要想出可能的書名，又可以朝三個方向去想。

接著每個方向各提出十個點子等，這樣就可以把工作流程越分越細。

然後再把時間分配到每項作業上，明確具體定出「今天離開公司前應該做完的事」。

以馬拉松為例，最終目標是跑完全程四十二．一九五公里，可是一開始還是得先克服眼前的五公里。

每個人每次可以處理的工作塊（Chunk）大小，會因為經驗和性格等而不同。如果不分到極細的地步就無法前進，那就這麼做吧。

關鍵在於就算上司不說，自己是否也可以向下歸類。做不到這一點時就會被貼上「只會一個口令一個動作的被動員工」的標籤。

做事快和可以自主行動的員工，是在經歷過好幾次類似作業後，找出自己向下歸類的做法。

新人覺得非常麻煩的工作，在他們手裡也沒什麼大不了。

做事快的人並不是做了什麼特別困難的事。他們只不過是可以明確掌握自己現在應該做什麼，然後可以很快地進入化境狀態，結果就比別人更快完成工作。

⚠ 進入化境狀態的方法⑤調整工作難易度

太過簡單的遊戲缺乏刺激，無法讓人著迷。反之，難過頭也會讓人興趣缺缺。工作也一樣。

工作的難易度決定工作是否有趣，進一步也左右了是否能進入化境狀態。大多數人都以爲工作是上司交辦下來的，無法改變難易度，其實並非如此。

假設上司叫你輸入資料。這是「簡單到無趣」程度的工作。如果用這樣的情緒開始作業，想也知道無法進入化境狀態。

這種時候只要自己給自己負擔即可。例如「平常要花三十分鐘，今天要在十五分鐘內完成」，提高工作的難度。

而秘訣就是要設定一個好像做得到，又好像做不到的目標。

相反地，如果接到一個非常難的工作，那就試著把門檻降低一些。

例如，上司給你一本厚如字典的專業書籍，還給你一個難如登天的目標，叫你

「明天之內讀完」。你大致翻了一下，裡頭全是看都沒看過的專有名詞，根本不可能全部理解。

這種狀況你當然可以把書拿回去給上司，並向上司說「我做不到」，不過你也希望能讓上司刮目相看。

如果是我，我就只會先看目錄和標題，不看細節，先了解個大概。此外我會從自己比較熟悉、有興趣的部分開始看。

光是這麼做就可以降低難度。只要有「如果這樣我應該做得到吧」的想法，要進入化境狀態也就沒有那麼難了。

即使是被交辦的工作，也可以像這樣調整難易度。然後掌握住自己容易進入化境狀態的「適中難度」即可。

⚠ 進入化境狀態的方法⑥彙整類似的任務

前面介紹的進入化境狀態的方法，原則上都以單工爲前提，不過實際上在職場中，很少會有人只需要做一件工作吧。

然而前面也說明過，切換工作會降低效率。所以如何才能儘快切換工作，並長久維持在進入化境狀態，就是關鍵所在。

維持進入化境的狀態，同時又多工工作的訣竅，就是要彙整類似的任務。

我有位女性友人在巴黎名門大學取得ＭＢＡ學位，會說多國語言，任職於外資消費財公司。她一人的工作量相當於三位員工，而且還能準時下班。

她的祕訣就是「彙整類似的工作，一起完成」。

她負責的業務範圍很廣，其中最需要注意力和時間的工作，就是每週要擬定她管轄的十幾個國家的生產計畫。

一開始她利用瑣碎的時間做，可是很快她就發現切換工作浪費了不少時間，最後決定「在星期幾的這個時段一次完成」，而有了目前的工作模式。

工作的主題相同，所以做完A國的生產計畫，她可以直接做B國的。這是故意不讓自己有「做到一個段落了」的感覺。

除此之外，像申請差旅費等雜事，她也會和其他尚未完成的文件一起，在「事務作業」時間內一起完成。

她的這種工作模式當然值得參考，不過更重要的是，她分析自己的弱點，一邊試誤，一邊努力讓自己的工作更有效率的事實。

注意力、工作記憶、時間還有體力，這些都是有限的資源。平常就努力思考如何更有效地使用資源，改善再改善，才能踏上注意達人之路。

第3章

溝通失誤

Communication Errors

- 誤以為自己懂了。
- 說了卻說得不夠詳盡。
- 言詞定義不同。
- 傷到對方的心。
- 無法傳達自己的想法。
- 話不投機。
- 老是想表現自己。

只要閱讀本章，你就會知道犯這些失誤的原因和對策。

溝通失誤發生的原因

自以為說清楚聽明白了，其實根本不是那麼回事

大部分的工作都無法一人獨力完成。必須和人接觸的服務業越來越多，即使不是服務業，多國籍工作團隊也早就見怪不怪了。工作場合中的溝通越來越重要，而溝通失誤也等比例增加。

溝通頻率越來越高，但面對面即時溝通的機會卻變少了。許多溝通都透過電子郵件、社群網路，以文章方式來進行，這也爲溝通失誤的增加火上加油。而且這些溝通失誤，並不是抱著「充分傳達」、「仔細聆聽」的心態，就可以改善。

就算自以爲說清楚聽明白了，其實根本不是那麼回事。

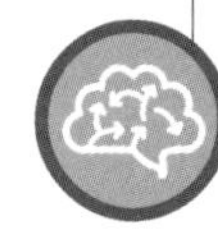

有人可能覺得「怎麼會這樣……」，但這可是數十年來腦科學和認知科學的重大發現之一。

首先承認這件事，才能站上減少溝通失誤的起跑線。

溝通不是傳接球

「溝通就像傳接球。」參加溝通研習時常聽講師這麼說。

由這個比喻衍生而出的建議，包含「做球給對方時，要做一顆容易接的好球」、「確認對方是否眞的接到了」等。

這個比喻雖然很容易懂，但也容易造成大家對溝通的誤解，甚至成爲誘發溝通失誤的原因之一。

如果溝通不是傳接球，那又是什麼呢？

請大家看下一頁的圖。

此圖是我根據神經語言程式學（NLP，Neuro-Linguistic Programming）這種心理手法中的「後設模式」（Meta Model）技巧，所開發出的「後設溝通模式」（Meta Communication Model）。後設模式突顯出人用語言表達自己想說的話時，腦內會進行「省略」和「一般化」等處理的事實。

請大家注意圖左側的講者。

講者將自己記憶中的經驗告訴別人時，並非將那段記憶的大小事全化爲言詞。如果全化爲言詞，會話就無法成立。所以這種時候講者一定會「省略」資訊。

假設講者說：「昨天我和朋友去澀谷喝酒了。」雖說是「昨天」，也不知是早中晚哪個時段。而且他說去澀谷，但到底是澀谷的哪裡，甚至連是在家中還是店裡也不知道。

不過平常也不用特別去想「有東西被省略了」，溝通還是可以成立。當然自己在意的地方應該會發問，不過通常不會發覺「這裡被省略了」。

爲什麼資訊明明被省略了，聽者還是「聽得懂」呢？

◎ 後設溝通模式

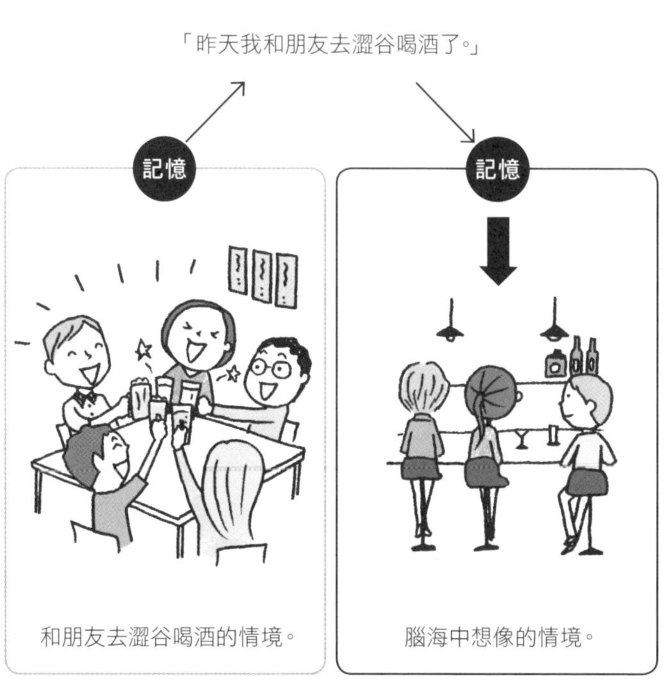

答案就在圖的右側。**聽者的記憶對講者的話產生反應，自動補齊了被省略的部分**。

一聽到「昨天我和朋友去澀谷喝酒了」，腦海中就會浮現自己記憶中澀谷的樣子，還有以前去過的酒吧的印象，以至於雖然只接收到片斷資訊，卻奇妙地可以理解「咦，原來如此啊。」不過講者記憶中的「昨天和朋友去澀谷喝酒的情境」，和聽者或你所想像的「昨天和朋友去澀谷喝酒的情境」，自然不同。每個人累積的「記憶」各不相同，就像聯想遊戲一樣，有不同的結果自然也不奇怪。

乍看之下覺得理所當然。對於講者和聽者腦海中的印象不同，平常溝通時你會自覺到這種落差嗎？

我想絕大多數的人應該都沒有這種自覺。因爲大家的注意力都放在表面上往來的言詞（球），而沒注意到自己和對方記憶中發生的事。

而這也正是溝通失誤最主要的原因。

擅自冒出來的記憶＝內隱記憶

平常溝通時，聽者會根據自己的記憶，自行補齊對方話中省略的部分，然後就（自以爲）聽懂了。

不只聽人說話時有這種情形，閱讀本篇文章的當下，這種情形也正在發生中。閱讀時大家應該是動員自己所有的記憶，一邊在腦海內補齊文章中沒寫到的事，一邊讀下去。

不過實際上在閱讀本書時，你一定不會覺得「我現在正在用那個記憶」。

完全不會意識到自己想到的這種記憶，認知科學稱之爲「內隱記憶」（Implicit Memory），而有意回想出的記憶，則稱爲「外顯記憶」（Explicit Memory）。

「意識不到明明已經想到」的這種內隱記憶，就是溝通失誤，還有下一章要談的判斷失誤的元兇。

⚠ 何謂內隱記憶帶來的促發效果？

以下實驗證實了內隱記憶的存在。

①請受訪者看一張單字表。

②另行逐一出示和前述單字表無關的單字，請受訪者在最短的時間內，回答出示的單字是有意義的單字，還是無意義的字串。

這項實驗發現，在②的階段出示和①的單字表有關的單字，以及出示完全無關的單字，受訪者對前者的判斷速度明顯較快（舉例來說，①的單字表中有「蘋果」這個字，之後在②的階段出示「紅」這個字時，受訪者的反應較快）。

不過實際上受訪者並沒有自覺到「蘋果」的記憶，讓他們對「紅」這個單字的反應變快了。他們可能甚至根本就不記得「蘋果」這個單字。

這種由內隱記憶造成的大腦反應，我們稱之爲「促發效果」（Priming Effect）。內隱記憶雖然看不到摸不著，但確實在大腦的資訊處理過程中，扮演著重要的角色。

・活化某個字後，相關單字也會隨之活化

其實大家可以在許多場合親身體會到促發效果。

例如，「看了美食節目後，突然覺得到處充斥著飲食相關資訊（以前可能都沒注意到）」、「看到以前常怒罵我的前輩後，對周圍的人說的話特別敏感」等等。

這些都是一種促發效果。促發效果本身其實是相關記憶的活化。看了美食節目後，喚醒了腦海中有關美食的記憶，這些記憶因此蓄勢待發，對周遭資訊變得敏感。

所謂內隱記憶，指的是「明明已經想到，卻沒意識到自己已經想到的記憶」。這種不乾不脆的表現方式讓人有聽沒有懂。如果以大腦的動作來說，也可說是「擅

自活化的記憶」。

因此判斷速度變快，與其說是頭腦變靈光了，不如說是該記憶領域被活化後的結果。

而且活化具有延伸到相關記憶的性質。

寫到這裡，有人可能已經可以想像到記憶的機制了。記憶其實就是相關資訊互聯成網後，所形成的結果。

記憶是一張網，不在箱子裡

電腦硬碟裡已事先區分儲存領域，並各有位址，每個位址都儲存著十六進位的數據資料。

其實以前大家也都以爲大腦的運作機制和硬碟一樣。每個腦細胞負責儲存不同的資訊，就像「這個細胞負責記阿嬤的事」一樣，好像大腦裡存在著無數的記憶箱。

然而隨著研究的進展，現在我們知道**人的記憶不是箱子，也不是各有位址，而是由神經元（Neuron）連結成的網路來負責記憶的工作**。

神經元各有負責結合的突觸（Synapse）。突觸負責收發各神經元的資訊。神經元之間結合時，由神經元發出的電流會刺激突觸，將資訊傳達至鄰近的神經元（爲鄰近的神經元點火），用這種形式相連。

比方說看到阿嬤的照片，腦內儲存阿嬤資訊的「區域」，其中的神經元會一起散發出強烈的電流，讓神經元之間相連，有關阿嬤的各種資訊因此活化。

最近火紅的人工智慧深度學習（AI Deeping Learning），其基本形態神經網路（Neural Network），其實就是在模仿腦細胞之間的這種連結。

⚠ 溝通一定有會錯意的時候

根據大腦的這種運作機制，我們再來看看前面提過的後設溝通模式。

聽到對方的話時，聽者大腦內的相關內隱記憶因此活化。不過因爲是「內隱」記憶，所以聽者本人並沒有意識到這些記憶。

在此講者和聽者之間就會產生分岐。

這樣的分岐可說永遠存在，只有程度差異而已。不過大部分的人都沒發覺到分岐的存在，只要不是會話明顯接不上，突顯出雙方的嚴重分岐，一般都不覺得是問題。

這種分岐不可能消除。我們不可能百分百接收到對方想傳達的內容，也無法將自己的想法用言語完整傳達。

因爲人類大腦內的資訊，無法百分百化成言詞。

⚠ 只要有相同記憶，自然一切順利

對人類來說，內隱記憶和促發效果是不可或缺的存在。因爲大部分的一般溝通，都是透過內隱記憶和促發效果正確補齊不足，才能順利進行。

例如，上司遞給你一份資料，並說：「拜託你了！」到底要如何處理這份資料，上司完全沒提。不過只要是在他手下工作的人，憑藉過去的記憶，應該就可以想到：「啊，又要叫我輸入資料啊！」

所以**當自己和對方共有相同資訊（想法或知識）時，補齊不足的作業自然可以順利進行**。就算不明說也能了解對方的意思，就算上司沒下指示也能靈活變通。這種彈性正可說是人類大腦最厲害的地方。

日本是一個島國，自古以來人民大多務農爲生，所以共有的資訊量極多。有句慣用語說：「阿吽の呼吸」（默契配合），意思就是不用說出口，只要一個眼神一個聲音，就可以彼此溝通配合，這也是日本的民族特徵之一，又被稱爲「高情境文化」（High-context cultures），也就是指自己的記憶和對方有很多共同部分。

然而時代變化越來越快，網路等各式各樣的媒體早已呈現資訊爆炸的狀況，每個人的價值觀和成長環境也越來越多元，共同記憶的存量越來越少。

不過大多數人現今仍受到高情境文化的習慣影響，這也是溝通失誤層出不窮的原因。

・對日本人比對外國人更要注意

如果對方是外國人，因爲事前就可以想像「如果用對待日本人的感覺去對待外國人，一定會出現溝通失誤」，所以溝通時就會慎選用字，或是仔細觀察對方表情變化等，比平常更用心地去理解對方聽到自己的話之後有什麼感覺、對方在想些什麼。

不過如果對方是日本人，就很容易自以爲「他的想法應該和我類似吧」，因而更容易溝通失誤。

「不對盤的對手」是記憶的產物

在談到溝通之前，你的工作場所或廠商顧客中，有些人或許你根本就不想看到。因爲是人，有好惡等情緒也是很正常的事。

不過這種好惡的情緒，背後也是記憶在作祟。

「看到那位課長我就全身不舒服。」你或許會以爲這種反應，是那位課長造成的。不過這種「討厭」的反應，其實是你的大腦，也就是你的記憶引發的。

既然是自己引發的反應，當然也可以自行改變。

舉例來說，從小就極受寵的人，可能會覺得囉嗦的上司是「敵人」。這是和自己過去的記憶連結後所產生的反應。

可是假設在這位上司的指導下，你晉升爲最年輕的經理。這麼一來你對上司的看法一定會改變，覺得他「站在自己這邊」。

那位上司是你「好惡」情緒的板機，這一點無庸置疑。我也了解大家盡力想避開自己討厭的人的心情（這是人類想避開不愉快的本能反射反應）。不過這裡要請大家先理解這種反應，其實是由平常不太意識到的自己的記憶造成的。

每個人的成長背景不同。你的正義在別人眼中可能不值一提，這種情形很常見。

「自己的記憶和他人的不同」，這就是溝通失誤的原因，也是大多數人都忘記的事實。

避免溝通失誤的基本對策

具體化到無從誤會的程度

要減少聽者接收到的訊息，和講者想傳達的訊息之間的差異，基本對策就是說得越詳細越好。

就算做不到「說到讓對方完全不需自行腦補」的程度，也要說得越具體越好。

例如，上司說「儘快完成」時，你所想的「快」，和上司所想的「快」，可不一定相同。

到底是一小時以內、今天以內、還是一週以內呢？

此時你必須問上司「什麼時候要交」，問清楚對方的基準，或者是告知對方自己的基準，「明天中午交可以嗎？」以做爲確認。

反之，如果你可以決定期限，也應該極力避免下「請儘快完成」這種籠統的指示。

拜託別人幫忙已經是在麻煩別人了，還自己定期限，總覺得會給人留下不好的印象。我懂這種心情。然而雙方都忙，又必須完成工作，所以拜託別人的一方把自己的想法說清楚，這是一種禮貌。如果對方有困難，互相協調就好。

回顧日常的這種「日式」溝通，應該就會發現其中可能造成多少溝通失誤吧。

最典型的狀況就是曖昧模糊的意見。

「我覺得也不是不好啦（嘴含滷蛋……）」

「我會回去考慮（嘴含滷蛋……）」

總之就是不明說Yes還是No。

避免說得太過直接，這是日本人的美德之一。只要雙方能知道這一點（能知道對方話裡真正的含意），或許也能互相理解。不過特別是在現代的商場，這種老舊的溝通方式實在是弊多於利。

「意識箭頭」朝向對方的記憶

「以為自己聽懂對方的話了」，這種時候也是溝通失誤好發的時候。避免失誤的方法之一，就是把「意識箭頭」朝向對方。聽對方說話時，要知道自己的「意識箭頭」是朝向對方的記憶還是自己的，並加以控制。

我們用後設溝通模式的圖來說明，比較容易了解。

一四三頁的圖就是「意識箭頭」朝向自己記憶的聽者狀態。也就是聽到「和朋友去澀谷喝酒了」的話之後，聽者的腦海中擅自浮現酒吧吧檯影像的狀態。意識箭頭明明只朝向自己，卻自以為已經聽懂對方的話了。

此時溝通就很容易發生失誤。

反之，「意識箭頭」朝向對方的記憶，意思就是**把意識朝向講者話中潛藏的記憶**。下頁圖表達的就是這種狀態。

◎ 意識箭頭朝向對方的記憶

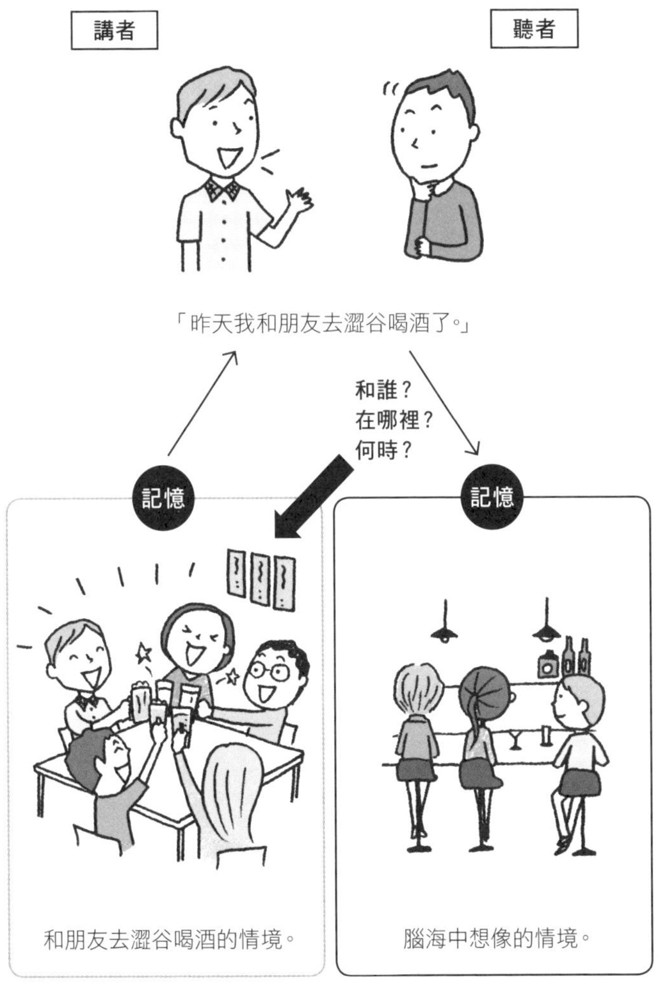

如果「意識箭頭」能朝向對方的記憶，因爲不知道對方的記憶內容，當然就會有不懂的地方。不懂自然就會發問。

像這樣深入詢問對方的記憶，差異就會越來越小，溝通失誤的風險自然也越來越小。

當然在這個過程中，你的內隱記憶也不斷地會受到刺激。這是無法阻止的現象，萬一眞的成功阻止了，你可能連母語都無法理解。

但是如果放著意識箭頭不管，它一定會朝向活化後的自己的記憶。

因此重要的就是自覺到內隱記憶的作用，然後持續把「意識箭頭」朝向對方，不要朝向自己的記憶。

謹記簡單提問的原則，才能深入對方的記憶

想深入對方的記憶深處，提問也要有技巧。最能發揮提問力的時候，就是問到他本人平常沒想到（沒注意到）的事情，或還未整理好思緒的事情。

舉例來說，心中有煩惱的人，當然不會一五一十地說出來。此時如果只聽話的表面，不可能理解對方。

說到提問達人，大家聯想到的不外乎是面試官、諮商心理師、業務員等。他們的共通點，就是越頂尖的人提問越簡單。看看以下的例子應該就可以理解。

記者：「您覺得最近的新人如何？」

社長：「嗯，不太靠得住啊！」

記者：「怎麼說呢？」

社長：「這是前幾天才發生的事……（以下說明）」

記者：「那您看了覺得如何呢？」

社長：「不知道該說太自我，還是太天真。」

記者：「太自我？」

社長：「是啊……啊，不過我還是新人時，好像也一樣……」

每個問題都很簡短，受訪者在思考如何回答時，也整理了自己的思緒。

相反地，複雜的問題就像是「最近有話不說清楚的新人好像越來越多了，對於這一點您覺得如何呢？」之類的問題。

不但前言很長，而且內容不過是「自己的記憶」。意識箭頭完全朝向自己，不關心對方的記憶。這種問題問再多，也無法深入對方的記憶。

提問就是影響對方的行爲，因此很容易誤以爲意識箭頭已經朝向對方，不過其實箭頭常常都朝著自己。

之所以在很長的前言後提問，其實也是爲了避免聽到意料之外的回答。

如果答案非「是」即「否」，就可以預測會話流向。但簡單的問題回答自由度很高，就不知道對方會如何作答。

人類下意識地會避免讓自己無法控制的事態發生，這種防衛本能其實也是溝通失誤的原因之一。

⚠ 溝通失誤就是注意失誤

只要能夠控制「意識箭頭」，不只可以減少溝通失誤，還可以讓溝通更爲順暢。

特別是不擅長溝通的人，意識箭頭通常都極端向內。像是常常在不知不覺中惹怒對方的人、明明無意卻被人認爲「任性」的人，或者是業務閒聊時老是想不到合適話題的人等，都屬於這種人。

這種人只要有一點點「對方話裡的記憶是什麼呢？」的意識，溝通就會出現完全不同的發展。

擅不擅長溝通，並不是看一個人會不會說有趣的事、像搞笑藝人般吐槽、在人前可以流暢自在地做簡報來決定。重要的是如何把意識箭頭朝向對方的記憶，並減少和內隱記憶之間的差異。

只要把意識箭頭朝向對方，應該會比過去更能了解對方的心情，也會有更多「課長剛剛的話讓我很生氣，不過可能是因為愛之深責之切」這種發現吧。

「意識的箭頭」只朝向自己的記憶，不朝向對方的記憶，這種狀態其實也正是上一章提及的注意失誤狀態。上一章也說明過，要預防注意失誤，重要的是自覺到自己注意的方向，並俯瞰全局。

同理可證，溝通時最重要的也是要自覺到意識箭頭的方向，不要偏頗。

⚠ 知識經驗越豐富的人越要小心！

職場上通常知識經驗越豐富，溝通就越容易犯錯。

這是因爲知識經驗越豐富的人，在聽到對方的話時，被活化的記憶也越多，所以「意識箭頭」很容易朝向自己。反之，知識經驗存量少的新人，很難把關鍵字連結到自己的記憶，因此無法補齊被省略的部分（所以上司必須仔細說明才行）。

舉例來說，晚輩來找你請教工作上的事。你的腦海中有豐富的相關工作知識和經驗。於是相關記憶逐一被活化，變成自以爲理解的狀態，產生「哦，那件事啊」、「他在煩惱這個吧」的想法。

當然那些記憶對你來說是你的見識，也是公司的財產。不過因爲連結範圍太廣而出現許多差異。例如，說出和晚輩煩惱的層次不同層次的話，或是明明和晚輩面臨的狀況不同，卻說得煞有其事等。

特別是許多管理幹部們深信，只要下屬來請教自己，就必須立刻提出建議，所以會完全根據自己的記憶提供解決之道，過度自信。

麻煩的就是這種意識箭頭完全不朝外的「過度自信」。

在商場變化不激烈的時代，上司和下屬的記憶差異或許不多。這種時候就算上司的建議來自過度自信的結果，也沒什麼問題。可是現代並非如此。現今商場瞬息萬變，就算上司十年前曾創下成功事例，對下屬來說也不一定有用。

所以結論就是，別急著下結論。

先聽聽對方怎麼說，一邊注意到自己被活化的記憶，但不被這些記憶拖著走，而是確實且仔細地將意識箭頭朝向對方爲什麼這麼說、對方話中的眞意是什麼。這是減少溝通失誤不可或缺的過程。

過度自信所引起的溝通失誤，特別容易發生在半吊子經驗的人身上。因爲眞正優秀的資深員工已經有過度自信、溝通容易犯錯的經驗，在還沒有百分之百的把握前會積極確認。

不過還沒「吃過苦頭」的中階員工還不知道過度自信的可怕。就好像剛習慣開車的司機很容易出車禍一樣，有了一點經驗，覺得「ＯＫ，我行！」的這個階段，就是最容易犯錯的階段。

優秀的經營者、業務員的「意識箭頭」會朝向對方

優秀的經營者很擅長將「意識箭頭」朝向對方的記憶。與其說是他們知道這個道理，不如說是他們從經驗中學到的結果。

例如，公認的經營之神松下幸之助總是積極前進第一線，面對年輕員工也不恥下問。對下屬來說，被經營之神的社長垂詢，應該不會有人覺得不舒服。對社長來說，也可以聽取第一線的聲音，滿足員工的尊重需求，可說是雙贏的關係。

優秀的業務員也一定會把意識箭頭朝向顧客。

一般來說，顧客的煩惱、全公司的課題、採購與否猶豫不決的原因等，都不會在商談的場合直接說出來。此時就必須把意識箭頭朝向顧客的記憶，用不經意的方式問出資訊，然後弄清楚癥結點後，對症下藥地說明。說明時一邊觀察顧客反應，更容易說服顧客，這樣業績才會好。

當然，每次顧客說什麼就立刻回問，只會被顧客認爲是「麻煩的傢伙」，所以也要從過去的經驗，活用「現在他這樣反應，所以大概是這樣吧」等知識和經驗。**差只差在是否能意識到這些知識和經驗有時可以正中標的，有時也會失了準頭**。就算靠自己的直覺會話，意識箭頭也要朝向顧客，檢查直覺是否眞的正確，並修正前進的軌道。

業績不好的業務員，腦海裡光顧著擔心「萬一被拒絕怎麼辦」，以及要說明商品，因此無瑕去想其他的事，意識箭頭根本無法朝向顧客。然後內隱記憶因顧客的話活化，又被內隱記憶牽著走，結果就變成自顧自地推銷。

「意識箭頭」朝向對方的終極祕訣是？

控制「意識箭頭」必須習慣成自然。有時太過在意「意識箭頭」，結果反而導致「意識箭頭」朝向自己。

一開始可能無法順心如意，但請大家咬牙忍耐持續下去吧。與其說這是商業技巧，不如說是今後的人生都用得上的技巧，請大家眼光放遠耐心挑戰。

不過其實很快就可以看到成果。

聽到對方的話，你的反應應該會大為不同。現在你可能可以站在對方的立場發言，而過去總是立刻有情緒性反應的人，或許會被人稱讚「你變圓融了」。這麼一來，溝通失誤自然會減少。

我在這裡傳授大家「意識箭頭」朝向對方的祕訣。

也就是**當作自己「不認識對方」**。心理學上稱此為「不預知」（Not Knowing）的態度。

例如，自認不知道上司的事，意識箭頭自然就會朝向對方，而且湧現好奇心。

「為什麼上司總是那麼焦慮？」

「他到底是在什麼環境下長大的？」

「對於我，上司到底是怎麼想的？」

畢竟不是自己，就算是身旁的人，也總有許多不知道的地方。所以採取不預知的態度，就可以發現「我以為我很了解上司，其實我一點也不了解他」的事實。

複誦一次以確認理解程度

接下來要告訴大家更具體、立刻可以付諸實行的溝通失誤預防對策。

說到工作中的溝通失誤，第一個想到的應該就是資訊傳達錯誤吧。也就是自以為已經傳達給對方了，可是對方其實並未正確理解。

簡單的工作指示或約定拜訪行程等資訊，儘量不要省略，並針對對方比較容易弄錯的地方特別強調，應該就可以成功傳達了。

不過像是複雜的工作步驟等，會受對方理解力影響的資訊，就算再怎麼仔細說明，也不知道是否已經成功傳達了。

此時最有效的做法，就是請對方複誦一次。

《墊底辣妹》作者，同時也是補習班老師的坪田信貴，就在他的著作中不斷地強調讓學生把老師教的內容複誦一次的重要性。

為了複誦一次，就必須完全理解老師教的內容才行。如果只是一知半解，就無法有邏輯地推展開來，說明也會模稜兩可。我要再次強調，人類大腦有補齊功能，立刻就會進入自以為已經了解的狀態。複誦一次可以讓自己清楚認知自己理解到什麼程度、從哪裡開始無法理解。

就算真的完全理解，可以順利複誦一次，也能因為這樣確實記住這項資訊。

在工作現場教晚輩一些事情後，如果想確認是否成功傳達了，最有效的方式就是請晚輩複誦一次。

此外，複誦一次也可以自己進行。例如參加研習、講座或讀書時，我也建議大家實際複述一遍，以檢查自己是否眞的理解了。

你可以試著口頭向某人說明，也可以寫下來。或是利用社交網站，寫一篇自己學習的「備忘錄」。因爲要寫出別人看得懂的文章，自己就必須確實理解消化才行。

⚠ 共有會話並留下記錄

此外，在工作場合的溝通過程中，最容易出現「我有說、你沒說」的爭執。這一點不論「意識箭頭」是否朝向對方，都無法預防。

要避免這種爭執，原則上就是要活用筆記。

「我有說、你沒說」的爭執，是由記憶失誤（忘記發言）或注意失誤（未專注在發言上）所引起的溝通失誤。

無論如何，因爲對方和自己的記憶不同，所以雙方再怎麼主張自己的正當性，也不會有結論。

要避免發生這種爭執，只能留下記錄以做爲客觀的事實。最近的手機都有錄音功能，不過要錄下所有會話也不切實際（有禮貌上的問題和儲存空間的問題）。

所以，要預防這種爭執，還是利用最原始且最簡便的筆記吧。特別是現場記錄的筆記，還可以即時給對方看。這一點其實是關鍵。

一般開會時，很少人會讓對方看自己的筆記，可是就我的經驗來說，還是建議大家堂堂正正地寫下來，讓對方也能看到。

如果有白板或夾紙白板（Flip Chart），也建議大家寫在上面。當白板寫滿時，就拍照存檔，再擦掉原有的筆記繼續寫。

有些人可能會擔心「字太醜很丟臉」，不願意寫給別人看。可是工作時比的並不是誰的字美，所以不需要在意這一點。

只要做做看就會知道，當會話進入白熱化階段時，對方也會在你的筆記上開始記錄。

業務人員可能會排斥讓顧客看到自己的筆記。其實業務人員工作的現場，更應該要寫筆記給對方看。因爲談生意時買賣雙方各有盤算，「我有說、你沒說」的爭執更是經常出現。

最重要的是，業務人員和顧客之間常常會處於類似敵對的關係。可是經由共享筆記互相面對對方，比較容易成爲有如一起攜手解決共同問題的夥伴關係。

⚠ 堅持面對面溝通

不論當事人再怎麼「以爲說清楚了」、「以爲有聽到」，還是會有失誤發生。面對面溝通都會犯錯了，電話、電子郵件、社交網站等非面對面的溝通方式，到底會出多少錯，實在讓人想都不敢想。

事實上，由於數位溝通的手段增加，已經建構出可以迅速且輕鬆聯絡的環境。然而大家千萬不要忘記，數位溝通反而更難了解話中對方的記憶。

當然你也可以用表情符號或各種貼圖，來傳達微妙的感情和語感，不過千萬不要過度自信。

非面對面的溝通特別容易犯錯，我在一七七頁提供一些常見案例讓大家參考，請務必小心。

當然還有許多其他案例。

非面對面溝通的缺點就是無法即時得知對方的反應。如果面對面溝通，又把意識箭頭朝向對方，就可以發現對方神色的變化、說話前會先停頓一下等些微的不尋常。掌握對方的反應才能隨機應變修正軌道，至於看不到對方的電子郵件，就只能自行想像對方的反應了。

電話溝通也可以經由語氣窺知對方的反應，用LINE或即時通訊軟體溝通，通常都是短文來回，或許也還不至於出大錯，可是無論如何都及不上面對面的會話。

為了提升工作效率，活用各式各樣的溝通工具是聰明的做法。然而如果是可能招致誤解的情形，或者是不看著對方的反應就難以精準傳達的複雜內容，即使麻煩，還是選擇電話或面對面溝通吧。

◎ 非面對面溝通容易引起溝通失誤的例子

拜託對方一件對他來說很麻煩的事

常見問題 好像被命令，因為無法認同而敷衍了事。

傳達回饋意見時

常見問題 以為被責難。
以為被看輕。

傳達謝意時

常見問題 被認為是冷漠又無情的人。

討論複雜的問題時

常見問題 無法理解全貌而得不到回答。
對方誤解內容而得不到想要的回答。

成為溝通達人的方法

與其聽「答案」，更應該聽「反應」

要成爲溝通達人，除了基本對策外，還必須有兩大轉換，也就是由「答案」到「反應」、由「事」到「人」的轉換。

接下來依序說明。

「對方老是不肯主動說。」

「我明明問了，他卻不回答。」

有時明明就已經把意識箭頭對準對方，並提出問題了，對方卻出現如上的反應。其實這正是「普通人」和「達人」的分水嶺。

關鍵字就是「答案」和「反應」。

「答案」就是明確的字句內容，而「反應」指的則是包含表情、動作、停頓的時間點等非文字、模糊的訊息。以英語來說，「答案」相當於「answer」，而「反應」則相當於「response」。

「答案」是對方針對你的問題所交出的字句內容，而「反應」則是經常流露在外的訊息。

如果想釐清事實關係，只要關注「答案」即可。可是要深入溝通時，就必須關注「反應」。

要掌握對方的「反應」，不能等到雙方談話結束後，才把意識箭頭對準對方。而是必須經常將意識箭頭對準對方，即使是在會話進行當中也一樣。

只要觀察非「答案」的表情變化、姿勢改變，或是回答時的語調、聲量大小、抑揚頓挫等，就可以掌握對方的「反應」。

接著就來看看上司交辦工作給下屬的例子吧。

上司：「喂，最近公司部落格都沒有更新，你去發點文吧。」

下屬：「咦？哦，我知道了。」

此時下屬的「答案」雖然是好，可是「咦？哦」代表的「反應」卻是我不要。如果只關注「答案」，就只會注意到「我知道了」的回覆，以爲下屬同意去做了。可是如果關注的是對方的「反應」，可能就可以切入隱藏在「咦？哦」背後的記憶。

爲了說明，我現在是用文章來表現「反應」，所以大家一下子就能了解案例中下屬的想法，可是實際上在會話當中，大家必須仔細觀察對方的視線、語氣、動作、表情等。

而且，「反應」往往透露出比「答案」更多的內容。

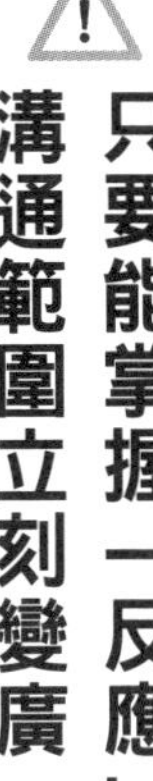

只要能掌握「反應」，溝通範圍立刻變廣

把焦點放在「反應」而非「答案」上，並確實掌握對方的反應，就可以一口氣拓展溝通範圍、自由度和可能性。

舉例來說，占卜師等職業必須掌握住顧客說不出口的嚴重煩惱，並以此爲溝通材料。他們就是靠著敏銳掌握這種「反應」，獲取顧客的信任，而得以維生。事實上占卜師能力高低取決於溝通能力，而非占卜相關知識。

順帶一提，這種技術甚至已經被整理成「冷讀術」（Cold Reading）。

比方說，發話方丟出一句話：「唉，人生眞的是百百種，有些人就會爲情所苦。」然後觀察對方的「反應」。

對於「爲情所苦」的話題，如果對方沒反應，或是有一搭沒一搭地回應，那就可以瞬間判斷「他的煩惱不是愛情」，接著就會嘗試其他選項「金錢煩惱等……」。

然後由對方的「反應」發現「中了！」的反應時，就再丟出更具體的問題，如「是借款煩惱嗎？」

反覆這樣的過程，話不用多也可以慢慢地深入對方記憶深處。當然對方一定很驚訝「你爲什麼會知道？」

工作時有時也不知道怎樣說才合適。

正確與否不是由說的人決定，而是由聽的人判斷，所以只能看聽的人對你的話（可能是問題，可能是建議）的「反應」，才能知道是否正確。

以培育下屬爲例。說得極端一點，用斥責或站在對方立場的做法其實都沒差。重要的是掌握當下對方的「反應」，把意識箭頭對準對方反應的深層，邊聆聽對方的話，邊持續溝通，直到出現下屬成長的「反應」。

最糟糕的就是無視對方反應，只是一個勁兒地斥責對方。因爲這種做法不過是把意識箭頭朝向自己，以達到自我滿足或釋放壓力而已。

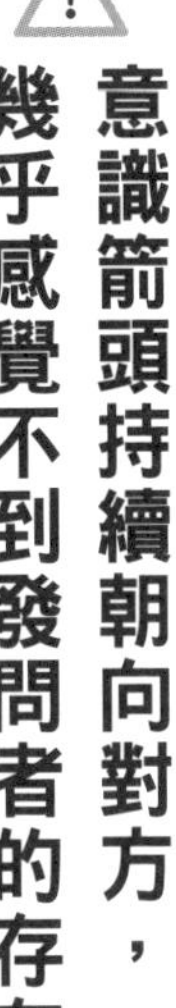

意識箭頭持續朝向對方，幾乎感覺不到發問者的存在

眞正的溝通達人不只可以控制自己的意識箭頭，還可以改變對方意識箭頭的方向。

具體來說，就是可以讓對方的意識箭頭，一直朝向他自己的記憶。

因此必須做的事，當然就是把意識箭頭朝向對方，而且還要徹底落實才行。

當你把意識箭頭持續朝向對方的記憶，一直丟出簡短問題，對方的意識箭頭自然也會持續朝向他自己的記憶。再者，**盡可能維持這樣的狀態，對方就可以到達平常不會意識到的記憶深層**。

這也正是可以解決他人煩惱，將一個人的潛能發揮到極致的潛能開發教練平時在做的事。

最終對方將不再意識到你的存在，因爲他已經深入到自己記憶中了。你的氣息消失，變得好像是背景。然後對方的意識箭頭會不斷地朝向自己深入，最後變得好像自言自語的狀態。

到了這種程度，你的任務就是做出最低程度的必要回應，儘量讓對方講即可。《阿川流傾聽對話術》（野人出版）是專欄作家阿川佐和子的暢銷著作。她最厲害的地方，就在於訪談時她絕不會不懂裝懂。一般人在廣受世間注目的訪談時，都想讓自己看起來厲害一點，這種想法並不難理解。

不過訪談的主角本應是受訪者。如果訪談時想讓自己看起來厲害一點，意識箭頭就會朝向自己，也會被受訪者發現。

阿川佐和子沒有一絲一毫這種欲望。受訪者發言時如果用了有點難的表現，她會直接問：「請問那是什麼意思？」說話的內容發展也完全交給受訪者主導。正因爲她不會硬要主導，才能讓受訪者暢所欲言，說出有趣的內容。

你是不是「會話小偷」？

反之請大家想想存在意識強烈的人，會有什麼樣的會話。

答案就是會話小偷。對於對方的發言，自己的記憶過度反應，「原來如此。其實我也是……」也就是一定要說說自己怎麼樣、怎麼樣的人。

大家在工作場合一定也常碰到這種人。

就算還不到會話小偷的程度，意識箭頭朝向自己的人就算提問，可能也不會認眞聽對方回答，或是提出夾雜著主觀意識的問題。

而一旦抱著這樣的心態提問，受訪者的意識箭頭就會朝向提問者。

「這個人原來是這麼想的。」

「爲什麼他要問這種問題？」

「他期待什麼樣的回答呢？」

提問時讓人無法忽視提問者的存在，很難得到效果。最壞的狀況就是受訪者敷衍了事。

顧問界有個說法，「**正因為有對方，才能成為一個完整的人**」。這句話的意思就是，正因爲有令人安心的提問者，回答的人才能直視自己的記憶，深入記憶深處。

當然會話內容如果只是一般閒聊，或爲了收集資訊的問題，就不用想那麼多。不過如果想知道對方眞正的想法，或協助對方解決煩惱時，消除自己的存在感就很重要了。

深入記憶深處的「最高績效銷售」手法

接著來介紹一個深入對方記憶的例子。

這是我以前曾協助引進日本的「最高績效銷售」手法的核心技巧，也就是「提問方法」。

爲了讓大家更有臨場感，以下的眞實對話中我扮演業務員，本書編輯扮演顧客。我把當時的會話一字不漏地寫下來。

業務員：「您什麼時候開始當編輯的呢？」

顧客：「嗯，我雖然兩年前才進公司，不過我已經有五年的出版相關經驗了。」

業務員：「您的意思是？」

顧客：「大學時我就參加出版相關的社團。」

業務員：「哦。您對出版感興趣的契機是？」

顧客：「小學時我很喜歡科普類書籍，也經常看。」

業務員：「原來是這樣。那是幾年級的時候呢？」

顧客：「三年級左右吧。」

業務員：「咦，當時您是個什麼樣的小孩子？」

顧客：「嗯，當時我只會讀書，也有了一點智慧，可能有點臭屁吧。」

先寫到這裡吧。

這些內容很明顯地和一般人想像的「業務話術」不同。不但完全沒談到商品的事，甚至不知不覺中還偏離主題講到小時候的事。

其實那正是我的目的。

最高績效銷售第一件事，就是確認對方是不是值得信賴的顧客。而要判斷這一點，最好的方法就是聽聽他小時候的事。人的性格不太會徹頭徹尾地改變，而且說到自己的小時候，一般人也很難加入想讓自己看起來更厲害一點的濾鏡。

實際上最高績效銷售的提問方法，會先問出小時候的事，然後再問親子關係。這是基於「至今和雙親之間仍有疙瘩的顧客容易出問題」的想法。

而且還要求從談話開始大約十五分鐘內，必須問到對方小時候的事。

話雖如此，倒也不必爲了這個目的做什麼複雜的事。只要撿起對方說的話，針對他的話提出問題即可。

當然提問者心中大致有一個方向，知道自己要問出對方的過去。不過原則上提問者只是把意識箭頭朝向對方，簡單提問而已。

此時在顧客腦海中，意識箭頭會越來越深入自己的記憶深處。而且因爲問題簡單，也不會覺得對方在挖掘自己不想說的事。

等到發現的時候，意識箭頭已經回溯到自己小時候了。

沉默就是重要的「反應」

只要能關注「反應」，就可以忍耐多數人難以忍受的「沉默不語」。

沉默中沒有「答案」。可是不說話本身就是明確的「反應」。

人類的大腦不能一邊深思熟慮一邊說話。沉默時，對方的「意識箭頭」大多朝著自己記憶深處。

有時候對方沉默是因爲生氣，不過這只要看來龍去脈就知道。人在思考大事時，幾乎都是沉默不語的狀態。

因深思熟慮而沉默，是深度溝通時的極重要局面。

比方說，商談的最後階段。

買方聽完各種說明後，最後會拚命思索該如何判斷。更別提如果是高價商品，買方就更不願意立即判斷了。

當對方沉默不語時，越是蹩腳的業務員，越會因爲「他是不是不會買啊……」的不安，與「就缺臨門一腳了」的焦慮而開口打破沉默。也就是意識箭頭朝著自己。

結果干擾了可能會買的顧客認眞思考的時間。

相對地，**高明的業務員會精準掌握顧客的「反應」，在對方沉默時耐心等待**。

因爲對自己的商品和服務有信心，把最終判斷權交給對方也不會焦慮不安，可以輕輕鬆鬆地將意識箭頭朝向對方，這正是業績長紅的原因。

反之，也可說喋喋不休的顧客，可能根本沒有認眞思考。因爲在嘮叨的過程中，不過只是把自己已知的事化爲言辭，眞正深入思考時根本不可能嘮叨。因此商談中反應異常靈敏的顧客，只想收集資訊的可能性也越大。

⚠ 以「事」為中心，談再久也無法深入

除了由「答案」到「反應」的轉換之外，另一個成爲溝通達人不可或缺的轉換，就是由「事」到「人」的轉換，說明如下。

請看下頁圖。

簡單來說，「事」就像是漫畫的「對話框」，也就是台詞的部分。

而「人」則是說話的人內在的價値觀和信念、想法和心情。

即使有心將意識箭頭朝向對方的記憶，注意力卻很容易被對方說的話拉走，只

注意到具體的事情。

這樣其實很花時間，通常也很難進入談話眞正的本質。

閒話家常就是最好的例子。

閒話家常的話題通常都是無關緊要的天氣、棒球或足球等運動。當然用閒聊來開啓話匣子很好，可是從頭到尾都在閒聊，就不可能深入交談。

如果想深入互相了解或取得對方信任，就必須在某個時間點打開對方的心門。特別是在工作場合的會話，一不小心就會變得以「事」

◎由「事」到「人」

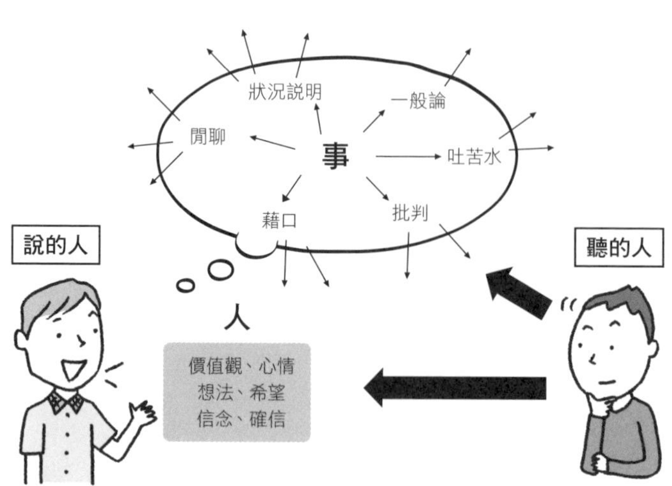

爲中心。

一直在談些「景氣如何」、「競爭對手如何」、「那個部門又如何」之類的話題，只能算是共享資訊，不論談再久都不可能深入。

以「事」爲中心的會話，主語有個特色。也就是主語不是說話雙方中的任一方，而是「景氣」、「競爭」、「那個部門」等。

如果想問出對方的眞心，縮短雙方之間心的距離，就必須切換成以「人」爲中心的會話。

⚠ 用對方當主語

要切換成以「人」爲中心的會話其實很簡單，只要像下面的例子一樣提問即可。

「對於○○，課長怎麼想？」

「在這種狀況下，你想怎麼做？」

也就是用對方當主語即可。我把這種提問命名爲「You Question」。

比起談些不痛不癢的話題，或談論有如在確認事實的客觀事實，有時You Question的問題，會讓對方難以順利回答。

不過這樣也好。因爲這表示此時的會話深入對方的記憶深層，而不僅僅是蜻蜓點水，所以對方陷入深思熟慮時的沉默狀態，這完全可以理解。

積極使用You Question，就可以陸續發掘出一個人的價値觀、信念、成見、偏執、心靈創傷、禁忌、弱點等內在特質，也就可以開啓一個人由出生至今所有記憶的大門。

有人可能會想，「不過就是工作上的往來，沒必要那麼深入吧。」

的確把公私完全切割開來，也可以做出一定的成果。可是如果是用人或必須建立在信賴關係上的工作，還是必須懂得如何深入人心。

「我很不擅長打動顧客的心」、「無法和同事們深交，我覺得很寂寞」，光靠以「事」爲中心的會話，要建立基本人際關係其實也很難。

「我明明花了很多時間閒聊啊！」有這種困擾的人，今後與其注意會話的時間和頻率，或許更應該注意會話的深度。

意識到邏輯六層次

接下來要談論一個框架，把焦點放在「人」身上時，請各位務必參考。這是神經語言程式學領域首屈一指的理論家羅伯特・迪爾茨（Robert Dilts）所開發提倡的「邏輯層次」（Neuro-Logical Levels，亦稱爲理解層次）模式。

這個模式將人的理解層次分成六層（下頁圖）。

不同理解層次的人聽同樣一句話，溝通的品質、內容將有完全不同的結果。

理解層次最外層是「環境」。

用學歷來判斷等，正是在這一層次看人的證據。此外，環境內側的「行爲」

◎ 意識朝向「人」時的邏輯六層次

❶ 環境

一個人的財產、職銜、工作成就等行動的結果。原則上是公開資訊。

❷ 行為

工作方法、用字遣詞、態度等，肉眼可見的所有言行舉止。

❸ 能力

工作的精準度和速度、身體能力等。
可說是工作的潛力。

❹ 信念、價值觀

判斷時的基準與人生重視的東西。
大幅左右一個人可發揮的能力、實際的行動。

❺ 身分（自我認識）

一個人對自己的自我印象。
「我是父親」、「我是社長」、「我是日本人」等角色的認知。
這一點改變，信念、價值觀也會隨之大為不同。

❻ 精神（包含自己在內的願景）

在自己上位的存在（宇宙、地球、公司等）。
自己身上背負的東西。身分和精神一定是成雙成對出現。

層，也是第三者一眼可知的階層，所以很容易吸引大家的注意力。

然而人其實沒有那麼單純，在環境和行爲內側還有「能力」、「信念」、「身分」、「精神」等層次，如果只靠較外側的層次溝通，就會犯下大錯，這就是邏輯層次模式所提倡的溝通本質。

特別是「能力」內側的層次，如果不仔細觀察對方，透過深入的會話眞正理解對方，就很難窺知一二。

「環境」和「行爲」層次當然很重要。但儘可能深入理解對方，其實也很重要。

大多數人其實並未意識到人有這樣的理解層次，因此容易犯下明明不甚了解對方，卻單方面下結論，招致對方反感的錯誤。

舉例來說，對於晨會遲到的下屬，如果警告下屬時把焦點放在遲到的結果，或是導致遲到的行動，下屬也能認同吧。

不過如果突兀地去否定他的身分（自我認識）層次，「像你這種下屬我不要！」就可能犯下招致對方反感的錯誤。

說不定下屬一心想幫上司，所以爲了取得資格認證，每天挑燈夜戰到三更半夜。結果上司不明所以，就否定了下屬的身分，下屬會有什麼反應呢？

這大概就是職場上很常聽到的反應：「你懂什麼？」吧。上司其實只要針對遲到這個結果斥責下屬即可。

相反地，如果要表揚下屬呢？

如果下屬接到大單，最好不要只稱讚他接到大單這個結果，而是要盡可能深入到他之所以能接到大單的行爲（每天加班努力等），甚至是他的長處、能力（如不屈不撓等）、還有他平常重視的價值觀（「只要做得到，什麼都會去做」等），去稱讚下屬，這麼一來下屬自然會很高興，覺得「這位上司很注意我」。

如果目標是成爲溝通達人，就要訓練自己，讓意識可以朝向所有溝通層次。

第4章

判斷失誤

Judgement Errors

- 自己判斷的失誤。
- 資訊、經驗不足而失誤。
- 直覺行動帶來而失誤。
- 偏執造成的失誤。
- 惰性和習慣導致的失誤。
- 被氣氛左右而失誤。

只要閱讀本章，你就會知道犯這些失誤的原因和對策。

判斷失誤發生的原因

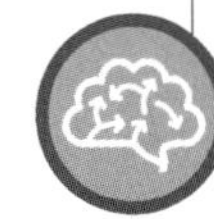

腦內有兩種思考系統

工作時會有各種需要決策的局面。當然有人是隨便判斷，可是明明是認眞思考後的結果，事後來看卻覺得「當初我爲什麼會做出那種判斷？」而扼腕不已。你是不是也有類似的經驗？

這種判斷失誤和前幾種失誤一樣，只是下定決心「要好好判斷」，也無法避免。

從人類大腦結構來看，某種程度來說，判斷失誤是必然的結果。要減少這種失誤，首先就要理解大腦做出判斷時的結構。

當我們判斷時，會用到兩種思考系統。

諾貝爾經濟學獎得主，也是認知科學權威、行爲經濟學之父的丹尼爾·康納曼博士，在他的著作《快思慢想》中，主張**人在思考時，大腦中有「快思」和「慢想」兩大系統在運作**。

⚠ 擅自作答的「快思」

「快思」就如同字面上的意思，是瞬間進行的思考，幾乎或根本不需要有意識的努力。

比方說看到「1＋1＝」問題，腦中應該會反射性地浮現「2」。像這樣「瞬間想到答案」時，用到的就是「快思」系統。

此外，除了簡單的算數外，例如對於初次見面的人，直覺覺得「這個人應該可以信賴」，這種反應也是「快思」的產物。而「快思」系統的判斷題材之一，就是第三章介紹過的內隱記憶。

「快思」是動物求生不可或缺的思考系統。地震時立刻跑到安全避難地，這種選擇正是「快思」的功勞。

人類的大腦說好聽一點是「環保裝置」，說難聽一點是「懶惰鬼」。不知不覺間，大腦其實一直想擅自進入節能運轉模式。原本應該仔細思考的事，大腦也會根據本能或過去的記憶，經由「快思」系統立刻作答。

平時「快思」是優秀的全自動運轉程式，事實上人們的日常生活，大半都依賴「快思」系統獲得滿足。

不過「快思」系統也會犯錯。因爲「快思」仰賴記憶（經驗値和知識等），而記憶本身可能偏頗或有誤，也可能資訊不足，因此會交出錯誤答案。

⚠ 深思熟慮的「慢想」

相對於「快思」，慢慢做出判斷的思考系統則是「慢想」，是按部就班分析的理性思考，和直覺式思考的「快思」不同。

例如，應該沒有人可以用「快思」系統解出「19×27＝」吧。而是充分運用工作記憶去思考，如「9乘以7是63。7乘以1是7，10倍就是70。加總起來是133……」才是。

如果注意力渙散，工作記憶滿載時，就可能在未經充分檢討的狀況下，做出錯誤判斷。

為什麼會對自己的判斷感到後悔？

要消除判斷失誤，就必須針對「快思」系統做出的判斷，逐一用「慢想」系統驗證。我舉個身邊的例子來說明。

正在想午餐要吃什麼時，突然很想吃拉麵，就決定去吃了。或許是受到昨天晚上電視拉麵特集的影響。

這就是「快思」系統的判斷。

然而此時你又想到本週已經攝取太多鹽分。雖然心情上很想吃拉麵，可是考慮到身體健康，又覺得這不是最佳選擇，因而決定去美味的有機蔬食餐廳。

這就是「慢想」系統的效果。可以用理性邏輯來壓下「快思」的結果。

當一個人後悔「當時為什麼做出那種判斷」時，那種判斷大多是「快思」的傑作，嚴格來說就是受制於「快思」系統的人。

而比較理性的人、可客觀反省自己的人，或是擅長自律的人，就懂得去懷疑、檢討這種有時可能出錯的「快思」判斷。

「慢想」原本就和會擅自判斷的「快思」不同，不特別去想，「慢想」回路就無法運作。因此不覺得「快思」做出的判斷可疑的人，原本就不覺得需要用「慢想」加以驗證。

⚠ 一句話左右「快思」的結果

「快思」到底會引起什麼樣的判斷失誤？以下就引用康納曼博士在《快思慢想》一書中介紹的實驗來說明。

這項實驗共有兩組問題，每組兩個問題，請受試者回答。兩組問題如下。

問題A

① 全球最高的美國杉比一千兩百英呎（三百六十五・七六公尺）高還是低？

② 全球最高的美國杉有多高？（請憑直覺作答）

問題B

① 全球最高的美國杉比一百八十英呎（五十四・八六公尺）高還是低？

② 全球最高的美國杉有多高？（請憑直覺作答）

問題A和B的差異只在於①的數字。實驗結果證實，②的答案會因爲問題①的差異而大爲不同。

問題A的答案②，平均值爲八百四十四英呎，而問題B的平均值竟然只有兩百八十二英呎。

兩者相差五百六十二英呎。這已經不能說是在誤差範圍內了。

造成這種差異的原因正是「內隱記憶」。因爲在回答問題①時看到「一千兩百英呎」或「一百八十英呎」的數字，思考因此被誘導了。

•不能小覷開高價的影響

工作中也常看到內隱記憶對判斷的影響。

業務員常掛在嘴邊的話術，如「平常要賣十萬日圓，今天特別優待，只要半價五萬日圓就好」，就是其一。

如果只說「售價五萬日圓」，顧客說不定會覺得貴，不利於交涉。可是因爲有十萬日圓這個基準存在，顧客就會覺得賺到了。

像這種每次交涉時爲了讓對方的判斷基準，偏向對自己有利的一方所埋下的楔子，就稱爲「錨點」（Anchor），這個字的原意就是船錨。錨點會影響判斷結果，這個現象就稱爲「錨定效應」（Anchoring Effect）。

超市特賣時常用的數量限制「一人限買三個」，其實也是一種錨點。

看到這句話，消費者腦海裡就會浮現商品被搶購一空的景象，很容易產生「不買就虧大了」的心理。

如此這般，內隱記憶會大幅影響我們的判斷。如果不知道大腦有這種特性，永遠無法減少判斷失誤。

⚠ 一旦情緒化就無法以「慢想」驗證

要提升「慢想」的精確度，就要確保工作記憶有足夠的空間可用。可是一旦情緒化，就會大量消費工作記憶。

- 「現在不買就買不到了」的不安和焦慮。
- 「不想讓別人覺得自己小氣」的虛榮和自尊。
- 「這個人都這麼說了，一定沒錯」的過度信念和義務感。
- 「這麼好的事還眞少見」的欲望。

當這種情緒波動出現時，「慢想」系統就很難順利運作，也就是所謂的「無法冷靜思考」的狀態。對邏輯思考來說，情緒是大敵。

爲了撼動對方的情緒，業務員利用「限時拍賣」、「限定商法」等技巧，煽動消費者不安和欲望的情緒，讓消費者的「慢想」系統無法運作。

舉一個很惡劣的例子。有些講座會故意單方面做出「你到底還想當敗犬多久？」的結論，讓學生們焦躁不安。最後一擊則是「成功者的共通點就是決斷力」，一邊刺激學生的虛榮心，一邊催促學生們立刻做出決定。

對他們來說，越「老實」的人越好騙。反之平常就愛講道理的人，或是不會喪失冷靜的人，這種手法就派不上用場了。

你和前輩、上司有不同的評價基準

就算「慢想」系統順利運作，也無法完全擺脫內隱記憶的影響。因爲「慢想」系統運作時，其實也是從記憶中叫出資料，再根據這些資料做出判斷。

特別常見的是因爲「評價基準」的差異，而產生的判斷失誤。

假設前輩要求你「把這個機械放回倉庫」。如果是不常用的東西，你可以把它放在倉庫最裡面，也可以爲了快點做完，直接把它放在倉庫入口附近。

這種行爲差異，源自於自己的評價基準，也就是「重要的是什麼」。換個方式來形容，其實就是一個人記憶中的偏執或信念、價值觀。

日常生活中一般人不太會注意到自己的評價基準是什麼，也不會去想這個基準正確與否。更麻煩的是，還會自以爲有人的評價基準和自己一樣。

每個人的評價基準都不相同。特別是工作時有各種利害關係人，更容易突顯出每個人評價基準不同的事實。不明白這一點，就確信自己的評價基準是唯一基準，並據此行動，久而久之一定會起衝突。

記憶鮮明與否也會導致判斷失誤

評價基準的眞面目就是內隱記憶。記憶鮮明與否也會導致判斷不同。

例如，你覺得最近的少年重罪犯是不是增加了？

或許有人的回答是增加了，可是事實上卻是減少了。

那麼爲什麼有人的判斷是增加了呢？

這是因爲少年犯罪的新聞深深烙印在你的腦海中，留下鮮明的記憶。也就是說，**原本只是喚醒記憶，但因為印象深刻，就以為「頻繁發生」**。認知科學稱這種現象爲「可用性捷思法」（availability heuristic）。

比方說，專案團隊成員常常抱怨：「麻煩事都我做，功勞別人享。」

這也是一種受可用性捷思法左右的案例。簡單來說就是自己的辛苦理所當然地會記得很清楚，而其他人的辛苦除非自己刻意去記，否則可能根本不在記憶中。結果就深信自己比其他成員「更爲辛苦」。

越想越錯

內隱記憶會在不知不覺中，對決策和判斷帶來重大影響。

再加上人的大腦一旦做出判斷，就會努力將判斷正當化。也就是會掛上一片思考濾鏡，只想著對自己有利的事，這樣說或許大家比較能夠了解。

你是不是也曾在內部會議或和顧客開會時，有過相同體驗？

也就是只強調對自己有利的資訊，忽視不利的資訊。就算自己不會這麼做，身邊通常也會有一、兩位這種人。

有時人會刻意自我正當化，但其實大都是不自覺地發生。這樣的行爲還是因爲受到內隱記憶的影響。

因爲**當你開始認為某個假設「正確」，大腦就會擅自活化相關記憶，更容易擅自叫出符合該假設的資訊**。

一開始以爲正確的事，隨著時間演進，覺得正確的可能性更高了。負面思考的人只注意到身邊發生的不幸瑣事，然後深信「看吧，一定不會幸福的」。不論周圍的人如何鼓勵「還是有好事的」，他也聽不進去，還認爲「才不是咧，那只是碰巧而已」。

什麼是最大的判斷失誤？

我們無法逃脫「內隱記憶」的作用。不論如何壓抑「快思」系統，儘量用「慢想」系統去思考，判斷力還是可能犯錯。

不過也不必因此悲觀。工作中的判斷其實就是對於未來的預測。社會並不像實驗室環境那麼單純，這裡頭交錯著許多人的盤算。所謂的完美判斷根本就是天方夜譚，而且原本就沒有所謂的正確答案。

從這個角度來看，最糟糕的判斷失誤，說不定就是判斷時什麼都不說，等到結果出來，才放馬後炮：「那個判斷太糟糕了！」專案進展不順時，擺出一副「我早知道會這樣」的嘴臉，這種上司就是最典型的例子。這種人在團隊進行最終決定時，一定沒有像現在這樣力主相同的意見。

誰都會放馬後炮。而且這也是因爲內隱記憶的作用，淨挑些對自己有利的記憶活化，以至於形成「我一直都知道」的誤解，所造成的結果。

這種現象就稱爲「後見之明偏誤」（Hindsight bias）。

那麼怎麼做才能消除判斷失誤呢？

對於原本就不確定的未來，而且各種複雜因素交錯的狀況下，要消除判斷失誤，這種想法本身或許就是一種判斷失誤。

不過就算沒有正確解答，我們還是必須努力。接下來就來看看減少判斷失誤的基本對策吧。

避免判斷失誤的基本對策

首先要消除評價基準的差異

首先要介紹的基本對策，是針對工作時最常出現的判斷失誤，亦即評價基準的差異。

每個人認爲什麼事重要、什麼事應該優先處理等的價值觀各有不同。不論是「快思」還是「慢想」，價值觀對於判斷都有很大的影響力。如果一個人獨力工作，就算只靠自己的價值觀來判斷，也沒有人會抗議。

可是只要你還是公司的一員，就不可能每次都照你的評價基準來判斷。只有社長可以這麼做。而且就算是社長，也必須尊重顧客，如果忽視了顧客的評價基準，就有可能做出錯誤選擇。

新人特別容易在評價基準這一點上犯錯。因爲經驗和知識不足，大多沒有成熟的評價基準。

參加過新人研習的人應該都還記得，研習時一定會聽到一句話：「最終判斷要去問上司。」而且實務上應該也有不少人曾被諷刺、被罵：「誰叫你這麼做的？」

事實上，工作上的判斷錯誤大多屬於這一型，也就是沒發現上司的評價基準和自己不同，而用了自己的判斷基準做出判斷。

「報告・連絡・商量」之所以重要的原因

只要判斷基準不同，不論花多少時間努力做出合理判斷，仍被上司認爲是判斷失誤，這也是無可奈何的結果。

因爲判斷是不是失誤的權限，在要爲判斷負責的上司手上。

在重視團隊行動的組織中，一定會不厭其煩地強調報告・連絡・商量的重要性。或許有人覺得「就寄電子郵件或在網路上共享資訊就好了啊」。但其實報告・連絡・商量正是調整第三章說明的意識箭頭的大好時機。**不僅僅要傳達資訊，還要深入挖掘雙方的評價基準，才能完成「磨合」**。

例如，爲了上司，你可能花了許多時間仔細編製資料，可是上司的想法說不定是資料只要有六成精確度即可，重點是快點交出來。

站在上司的立場，能夠及早發現下屬的報告・連絡・商量的偏差，就有機會修正。換句話說，能獲得上司信任的員工，也就是能理解上司判斷基準的員工。

就算不特別指示，也能按上司的想法做出判斷，這種員工自然不太需要報告・連絡・商量。「都交給你了」這句話的意思，其實也就是「因爲你的評價基準和我的差不多，所以我信任你」的意思。

此外，就像每個人的想法不同，團隊和組織也各有自己活動的主軸價值觀，決策時就會以此價值觀做爲判斷的基準。

這也就是說，公司、事業部和各部門其實各有各的判斷基準。成員之間共享這些基準，才能調整好步伐和方向，一起朝著團隊目標前進。

最近越來越多公司不再把「社訓」、「願景」這種高抽象度的價值觀，當成純粹的裝飾品，而是定位成應該採取什麼行動的準則。制定這樣的行動準則，可以讓每位員工在現場必須瞬間做出判斷時，不至於迷惘。

也有一派說法認爲，要將每位成員的能力發揮到極限，最好就是盡可能交由本人自主決定。也就是所謂的授權、賦權（Empowerment）。

爲了充分授權，也必須有明確的判斷基準，提高全公司成員的向心力。

「意識箭頭」有助於消除判斷失誤

只要知道自己和對方的判斷基準不同，自然就會想知道上司或顧客和自己的評價基準到底哪裡不同。因此就會把「意識箭頭」朝向對方。

要確認對方的評價基準，以上司交辦工作爲例，就必須具體詢問：「做這件事時要注意什麼？」、「這份企劃書絕不可缺少的重點是什麼？」

此時不妨巧妙運用成爲溝通達人中所介紹的「You Question」吧。

而收到上司或顧客「○○做比較好」的指示或建議時，也要將意識箭頭朝向評價基準，聽聽他們是根據什麼來判斷「好不好」。

你可以追問：「爲什麼您覺得○○做比較好？」也可以詢問對方對於未來的想像，「做○○的目的是什麼？」不管哪一種做法，都可以明確了解對方的評價基準。

順帶一提的是，這樣的問題也有助於上司或顧客重新檢視自己的評價基準。特別是如果這個評價基準是根據經驗法則，以「快思」系統導出的基準，聽到你的問題後就會啓動「慢想」系統，說不定結論就會因此改變。對對方來說，這就相當於「發現」，對方很可能會因此感謝你的提問。

⚠ 掌握顧客的評價基準，才是銷售高手

越優秀的經營者、經理人、業務員，對於他人的評價基準越敏感。

反之，表現欠佳的人對評價基準的意識薄弱，因此判斷力常常犯錯，喪失周圍的人對自己的信任。

我再具體說明一下業務員的例子。

業績越差的業務員，越傾向把自己的判斷基準強加在顧客身上，導致顧客離他而去。假設一位推銷印表機的業務員，只是一個勁兒地強調「維修成本低廉」。可是不同的公司選擇印表機的評價基準，會因爲自身的課題而不同，想要的可能是「輕巧的印表機」、「可以快速列印的印表機」、「畫質佳的印表機」。

只要不能滿足對方的評價基準，對方就不可能購買商品。

不管業務員再怎麼強調「這是好商品！」，只要論點偏離顧客的評價基準，就無法打動對方的心。

因此越優秀的業務員，就越會先想辦法了解顧客的評價基準。或者應該說，他們會將商談過半的時間，都用來聽取顧客的評價基準。

他們會徹底地將意識箭頭朝向對方的記憶，以挖出潛藏在記憶深處的內容。等到看清對方的評價基準，就會根據該基準簡報，提供商品和服務。這種業務手法既能滿足對方的需求，又能提高成交的可能性。

可是如果聽到後來，發現自家商品並不符合對方的評價基準，或者是對方沒有明確的評價基準時，又該如何是好呢？

此時就要想辦法改變或重新建構對方的評價基準。

也就是所謂的啓蒙、教育活動。

建商免費發送的「如何選擇木造住宅」手冊就是一個代表例。製作精良、資訊豐富，可能會讓人誤會建商的服務眞是大手筆啊。可是其實這些都是「爲了教育消費者選購住宅的評價基準」所使用的道具。

⚠ 情緒讓「快思」暴衝

前面說明了消除評價基準差異的基本對策。不過這指的是最終判斷者是上司或顧客等，而非是你自己的情形。

自己必須做出最終決策時，如何才能消除失誤呢？

一個方法就是要自覺到平常的判斷大都是「快思」系統的傑作，然後提醒自己要經常發動「慢想」系統。因此必須確保工作記憶的作業空間。

此時最重要的是，如何和「情緒」相處。

包含恐怖和不安在內，情緒起伏越大，注意力就越會被情緒吸引，導致工作空間沒有餘裕，結果就只有「快思」系統橫衝直撞。

這也就是所謂的「情緒化」狀態。

就大腦機制來看，有情緒是無可避免的事。恐怖和不安也是人類求生的必要情緒。如果沒有這種情緒，我們的祖先會經常挑戰危險，人類說不定早就滅亡了。

而且也因爲有喜怒哀樂的情緒，人生才會多采多姿，變化多端，所以情緒也是不可或缺的要件。

不過任何事都講究均衡。極端情緒化的人相較之下，比較容易成爲「快思」的奴隸。

如何在沒有知識經驗的情況下保持冷靜？

你身邊有沒有不受情緒左右，工作時永遠都能保持冷靜的人？

這裡指的就是不論面對多偉大的人物，都能用平常心交談，或是工作出問題時，也能面不改色地做出合宜指示的人。

這種人的感情回路並沒有問題。他們之所以可以保持冷靜，有兩個可能的原因。一是見過太多世面，也累積了許多專業知識，所以已經習慣這樣的環境，情緒不再被左右。二是過去曾有「快思」失敗的經驗，所以已經可以瞬間用「慢想」來驗證。

那麼經驗不多的人，又要如何讓自己不受情緒左右呢？

首先就是要知道人無法避免情緒反應。不管裝得再怎麼冷靜，憤怒和焦慮等情緒並沒有那麼容易化解，而越想壓抑這種情緒，意識箭頭就越朝向自己，結果掉入負面循環而無法自拔。

要脫離這種狀態，就是要**真誠面對自己的情緒反應，並把意識箭頭朝向對方**。

從小處著手。光是仔細看著對方的面部表情，就有一定的效果。

例如，被上司無心的言辭激怒而產生情緒反應時，不要低頭讓怒氣升溫，而是試著抬頭看著上司的臉，然後慢慢地把意識箭頭朝向對方，試著去想想「爲什麼他會說出這種話？」

這樣做當然不能完全消除怒氣，但至少可以避免讓自己陷入情緒化的惡性循環，讓工作記憶行有餘力，可以啓動「慢想」系統。

情緒是極本能的反應，去壓抑它並沒有意義。重要的是當這種反應出現時，要能夠客觀地眺望情緒化的自己，知道「啊，現在意識箭頭只對著自己，工作記憶都滿了。」

思考時要分清楚「事實」和「意見」

不論「快思」或「慢想」，判斷的基礎都來自於內隱記憶。這一點前面已經說明過了。

因此要提升判斷精確度，就必須檢查內隱記憶是否眞的適合做爲判斷材料。最簡單的檢查方法就是試著整理「事實」和「意見」。

以下以下屬和上司的會話爲例。

下屬：「最近去喝酒時，看到很多吸電子菸的人。我想今後應該會掀起一股裝飾電子菸的風潮，就像裝飾手機殼一樣，所以我們來做電子菸專用的裝飾小物吧，一定會大賺！」

上司：「嗯？著眼點很好，可是你有數據嗎？」

下屬：「數據？」

上司：「對。例如電子菸的市占率等客觀數據。去向社長報告時，總不可能說『大概會有風潮』吧。而且你憑什麼說『一定會大賺』？你該不會連市場規模多大都不知道吧。」

下屬：「……不、不好意思，我立刻去查。」

我想這是職場上很常聽到的會話。

下屬的點子（發現）正不正確是一回事。但「一定會大賺」的判斷，只不過是根據本人的內隱記憶所提出的「意見」而已。

而且這種感想說不定還受到「可用性捷思法」左右。就算看到吸一般菸的人，也不會留下什麼印象，可是一看到吸電子菸的人，就會因爲稀奇和好奇心，留下強烈的印象，所以才會以爲吸電子菸是一大流行趨勢。當然事實上或許也眞的是一股風潮，或是未來可能成爲潮流。所以首先必須釐清做爲自己「意見」根據的「事實」。

工作時必須根據「事實」做出判斷，這樣既可提升判斷精確度，也才能盡到對利害關係人的說明責任。「我憑直覺投資了新事業，結果失敗作收。對不起。」我想應該沒有股東可以接受這種說辭吧。

特別是「數字」，可說是無可動搖的客觀資料。所以數字才有說服力。所以上司才會對下屬指出這一點，並要求下屬提供客觀的數據。

但麻煩的是，一般人的記憶中，「事實」和「意見」都混在一起。而且受「可用性捷思法」這種「快思」系統影響，就更難區分這二者了。

也正因爲如此，不刻意去做就無法整理「事實」和「意見」，而且整理時必須用到「慢想」系統。

自己下的判斷是以「事實」爲根據嗎？

看起來雖然像「事實」，其實是否受到大腦偏誤的影響呢？

這點我們必須進行詳查。

雖然很麻煩，但工作時要做出判斷，原本就不是一件容易的事。

面臨越重要的決斷時，就越別忘記徹底精選自己的判斷材料的流程。

⚠ 如何避免落入內隱記憶的陷阱？

就算是「事實」，我們也很難擺脫內隱記憶的影響。這也是本書再三強調的重點。

就算啓動「慢想」系統花時間思考，也會在不知不覺中受到錨定效應和自我正當化的影響，而做出錯誤判斷。

要避免陷入這種窘境，逆向思考很有效，也就是試著假想和自己目前的判斷完全相反的狀況。

比方說，你想買最新款的家電而去了家電行，結果店員報了個高價。此時大多數人都會想想自己的存款餘額、貸款計畫，或買了此商品是否可能回本。

不過在此我們要故意逆向思考。

例如，目前思考的前提是買，我們就逆向思考看看不買會如何？

或者，目前思考的前提是對方提示的金額，反之，如果我們提出自己想買的金額呢？

像這樣改變思考的前提，就可以把過去未想到的事也納入考量，預防內隱記憶所造成的思考偏誤。

實際試試就可以了解，這其實也是第三章介紹過的，將「意識箭頭」朝向對方的做法。

這麼一來就可以跳脫自己的感情或欲望的漩渦，從宏觀的角度來決策。

恐怖的機制——「眞相錯覺效應」

「一百八十度逆向思考」其實很簡單，但卻是減少判斷失誤的有力手段。

只不過事實上，一般人很難故意去反對自己的判斷。

這是因爲「快思」和內隱記憶的性質，大腦的特性就是放著不管就會過度自信。只想得出符合自己判斷的記憶、只集合對自己有利的事實，這種自我正當化當然是原因之一。但原因並不僅止於此。

「快思」會帶來「眞相錯覺效應」。

所謂的「眞相錯覺效應」，指的是大腦對於越熟悉、越常見、越容易了解的事物，越容易相信是眞的，這是一種錯覺。

這和客觀來看正確與否毫無關係，不過是因爲比較容易看、容易了解，人們就相信了。

說得極端一點，如果你想讓一個人相信謊言是眞的，只要不斷地反覆說給他聽就夠了。認知科學的實驗也早已證明這一點。

眞相錯覺不僅會作用在別人身上，當然也會作用在自己身上。

不斷地告訴別人自以爲正確的事，自己對於這件事的正確性就更深信不疑，就好像是自己給自己洗腦一樣。

這麼一來就更難站在否定自己想法、或持反對意見的人的立場去思考，也更難老實地把反對意見聽進去。

⚠ 如何跳脫判斷失誤的窘境？

因爲「眞相錯覺效應」而落入過度自信的陷阱，就無法採取「一百八十度逆向思考」的判斷失誤對策。

這時解決方案有兩個。一是讓自己撞得頭破血流受盡其害，自然就會認清現實。二是像本書建議的一樣，了解大腦特性和弱點。

工作記憶的容量比想像中少，所以容易出現記憶失誤、注意失誤，無法脫離這種制約。

因爲有內隱記憶這種會在不知不覺中影響我們的記憶，以致我們好像仔細在觀察世界，其實是視而不見；好像想得很仔細，其實根本沒有在思考。

落入眞相錯覺陷阱的人，可能也不願意承認自己身陷其中。不過只要能承認這種「不當的眞實」，應該就有助於對自己的想法和判斷抱持疑念吧。

「現在我這麼想。我也有相當把握。不過人腦很容易犯錯，說不定我某些地方弄錯了。大概會是什麼地方呢？」

只要能抱持這種疑念，不只可以脫離思考的陷阱，還可以大幅提升判斷精確度。

不過一開始可能不是什麼愉快的體驗，心裡也會不舒服。

此時「意識箭頭」又可以派上用場。老是把箭頭對準自己，就會產生「我的意見果然是對的」的想法，甚至可能中途放棄懷疑自己。

而如果能持續把意識箭頭朝向對方的記憶，就會陸續有新發現。這也會帶來一種前所未見的全新感動體驗。

「原來也有這種解釋的方法啊！」

「我從來不曾這麼想過。」

「原來還可以從這個角度切入啊！」

身為社會人要持續成長，不就是要從周遭的人身上接受刺激，不斷地拓展自己的視野嗎？

受限於自我評價基準的人，有些人以為意見改變是件壞事，其實並非如此。一開始大家不都很青澀，然後才從各式各樣的經驗中學習，成長茁壯的嗎。

⚠ 組織潑冷水團隊

也可以運用組織的力量，驗證容易自以為是的思考模式。有《力量的來源：

人類如何做決定》（*Sources of Powers: How People Make Decisions*）等著作的決策行爲研究者蓋瑞・克萊恩（Gary Klein），提出的方法則是「事前驗屍」（**Premortem**）。

如同字面上的意義，這種方法就是在死亡前，也就是在失敗前分析失敗的原因。

做法極爲簡單。要進行重大決策時，在正式核准、公開前，先集合相關人士分析該決定。

此時的重點就在於根據以下設定進行分析。

「執行此決策一年後，以慘敗作收。為什麼會失敗？」

具體地讓每個人花十分鐘左右，發表自己想像的失敗腳本。

團隊和組織做出的判斷，可能比個人的判斷有更多元的意見，可是也可能被領導者或聲音大的人拉著走，承受政治力等不理性的風險。

而且一旦討論開始朝向某方向進行，又會受到「眞相錯覺效應」影響，更加深了過度自信的程度。歷史上就有許多例子，貴公司可能也有。

「事前驗屍」就是「一百八十度逆向思考」的手法，讓人可能注意到過去忽略的風險因素。

承認判斷失誤，有助於減少判斷失誤

判斷失誤和本書前三章說明的失誤一樣，從大腦機制來看，都是必然發生的失誤，甚至有過之而無不及。

結論就是，要預防判斷失誤，只能承認有發生判斷失誤的可能，迅速地做出決策，不斷地重新檢視自己的決策並加以修正。

《論語》針對犯錯，有以下描述。

「過，則勿憚改。」

「過而不改，是謂過矣。」

「小人之過也必文。」

這些描述眞是洞悉人性的本質。特別是第一句，把「過」替換成「判斷失誤」，就變成以下描述：

「判斷失誤而不改，是謂判斷失誤矣。」

此外，東京大學東洋文化研究所的安富步教授，在其著作《杜拉克與論語》（東洋經濟新報社出版）中，指出杜拉克經營學的最重要概念是「回饋」，其管理論的要點爲以下三點：

①仔細觀察自己的所有行爲。

②傾聽別人要傳達的事。

③改變自己應有的狀態。

看到這裡大家應該可以了解，這不僅和本章所談的判斷失誤有關，更和本書所談到的所有失誤相關。

管理就是要管理自己、管理記憶，因此也可自覺到失誤、減少失誤。

成為判斷達人的方法

⚠ 訓練「快思」成為「直覺」

雖然判斷失誤很難應付，但還是存在著達人之道。方法就是巧妙運用過去被當成壞人的「快思」系統。

換個角度來說，「快思」就是「直覺」。也就是無法用言語形容，但仍會閃現「一定是這樣」的感覺。

「快思」系統因為受到錨定效應等內隱記憶的影響，常常會做出錯誤的結論。因此我們必須啓動「慢想」系統來驗證，這是前面的說明。不過只要提升內隱記憶的質與量，磨練直覺，就有可能同時改善判斷的速度與品質。

說到「直覺」，可能有人覺得不可靠。但最先進的人工智慧研究也已經證實

「直覺」的重要性。

二〇一六年人工智慧打敗圍棋名人後，許多人開始擔心工作不保。而人工智慧的支柱「深度學習」，說是鍛鍊「直覺」的學習也不為過。

深度學習提升「快思」的品質

一九八〇年代人工智慧的世界盛行專家系統（Expert System）。這個系統就是將專家的知識提取出來當成邏輯規則，加以編程，讓系統得以取代專家判斷。說穿了就是系統化的「慢想」。

可是要把所有知識全部化爲規則，不僅煩雜而且數量龐大，結果就碰壁了。之後又進行了各式各樣的研究，「深度學習」就成爲最重要的成就。

深度學習並不是要做出一些邏輯規則，讓電腦記住。而是讓電腦閱讀龐大的原始資料（大數據），讓電腦得以自行學習、判斷。

和全球第四的韓國棋士對弈五局，取得四勝一負的佳績，一夕之間受到全球矚目的「AlphaGo」就是最好的例子。

以AlphaGo來說，並不只是讓它熟讀過去龐大的圍棋棋譜，還讓AlphaGo互相對弈，累積更多的經驗。而且對弈的數量龐大到無法想像，據說是人類棋士對弈八千年的分量。

所以AlphaGo才會那麼強。

事實上AlphaGo如何決定下一步棋該怎麼走，據說是以「經驗法則」把可能性縮小到一定範圍後，再從範圍內計算出最有效率的一步。

換言之，首先用「快思」鎖定可能範圍，再以「慢想」進行邏輯驗證，然後做出最後決策。

專家的智慧展露在「快思」而非「慢想」中

其實職業棋士用的也是相同的手法。

職業棋士也是人，比賽又有時間限制，不可能把每一種可能性從頭到尾細想一遍。

所以先以直覺，亦即「快思」系統刪除大半選項，然後再利用「慢想」，以邏輯驗證剩下的選項是否正確，找出鎖定的範圍內最好的一步棋。

要提升判斷品質，一般人可能會以爲要「增加」選項才行。不過這僅限於選項極少時。

隨著工作經驗與知識、取得資訊的管道等增加，選項自然也越來越多。這種時候反而應該減少選項，也就是「爲了仔細思考，先捨棄不想也沒關係的選項」，這一點才重要。

而這麼做需要的就是「快思」系統，也就是直覺。

支撐直覺的是龐大的經驗值，而且全都無法以言辭形容。這些經驗值的眞實樣貌，就是被稱爲類神經網路的腦部神經回路。也就是儲存在全體網路中、在網路與網路的連結中的知識。

運用深度學習的人工智慧應用幾乎相同的原理，試圖從龐大的資料連結中找出答案。這並不是幾段幾號的地址記錄著這個答案，如此單純的結構。

一般人提到「思考」，想到的大都是理性、可用言辭有邏輯地說明的內容，可是**在專家的智慧當中，能化為言辭或邏輯的內容，不過是其中的一小部分而已**。

反之，如果只依賴邏輯式思考，就無法活用龐大的經驗。當然大部分人其實都還處於連邏輯式思考都無法掌握的階段，所以必須意識到「慢想」系統。但慢想也不是萬能的。

累積經驗

「累積經驗才能成長茁壯。所以不要害怕失敗，要勇於挑戰。」上司或前輩們可能對你這麼說過很多次。

還有句格言說：「年輕時要捨得讓自己吃苦。」

這些話好像聽得懂，事實上卻很少人能夠想像累積經驗到底可以改變什麼吧。

不過只要了解前面提到的AlphaGo的機制，就可以茅塞頓開，知道「累積經驗」的建議，就代表著「要深度學習，提高直覺的精確度」。

經驗不足時仰賴直覺，幾乎都以失敗作收。

假設資淺的業務員憑著見到潛力顧客那一瞬間的「直覺」，連續順利談下兩筆生意。不過僅憑兩次經驗就下結論，「只要憑著見到潛力顧客那一瞬間的直覺即可」，那就操之過急了。

在談下五十筆、一百筆生意的過程中，當然會經歷過許多失敗，如此才能磨練出自己敏銳的直覺。

而且雖說要「累積經驗」，電腦可以「直接」儲存龐大的資料，可是忘性明顯，而且在取捨資料時又容易受偏見影響的人類，就不可能做到。

所以為了磨練自己的直覺，重要的就是要極力消除偏誤，儘可能坦誠接受自己的經驗，並加以記憶。

⚠ 人類能勝過人工智慧嗎？

人工智慧學習人類的思考方法，而且工作記憶容量遠大於人類，甚至不會受到感情左右。

今後人工智慧將如何改變社會呢？

在AlphaGo擊敗人類的三年前，有一項震驚全球的研究問世。

失。

英國牛津大學的研究團隊指出，未來十或二十年，有半數以上的職業可能消

的確，過去也有許多工作，現在已經被機械取代。

例如，車站剪票口過去都由站務員瞬間看過乘客的車票，手持打孔機在車票上打孔。現在這種景象早不復見。

所以很容易可以想見，今後有更多機會，回想「過去這都要靠人工啊」。

話雖如此，人類世界遠比圍棋世界複雜多變。而且也沒有像圍棋一樣的固定規則。大家都是隨心所欲地生活，因此打造出生氣勃勃的社會。想到這一點，就可以稍微喘口氣，知道人工智慧還無法深入每個領域。

不過讀到這裡，也可以知道人類下的判斷不合理的事實。我想人類也應該向人工智慧學習，反省自己，才能成長。

⚠ 沒人知道未來，別被假模式所騙

最後我來告訴大家成為判斷達人的祕訣。

也就是要了解「未來不確切，無法預測」這一點。

當然如果範圍有限，或在很短的時間內，某種程度是可以預測的。然而範圍擴大、時間拉長，未來的不確定性就越明顯，因而無法預測。

十年後現在的公司會變得如何？五十年後世界又會變成什麼樣子？我們雖然可以加以預測，卻無法保證正確。

特別是在變化劇烈的時代，要預測未來也越加困難。光是臉書這一項網路服務的誕生，就徹頭徹尾地改變了全球人們的交流方式。

也正是在這樣的時代，人們會追求更確實的東西，努力想預測未來。不過在這之中其實暗藏陷阱。

在隨機發生的事情身上找出因果關係，然後賦予某些含意，就「自以為了解

了」。**這是很常見的狀況**。

例如，丟十次銅板，以下哪種模式比較容易出現呢？這裡用○代表正面，×代表反面（參考：《不確定性超入門》，田渕直也著，Discover 21出版）。

① ×○○×○××○×○

② ○○○○○○○○○○

③ ××××××××××

④ ×××××○○○○○

我想很多人可能覺得②～④不太可能出現，大概都選①吧。

可是不論哪一種模式，出現的機率其實是一樣的。再怎麼隨機的世界，出現乍看之下好像正確的模式，也不是什麼不可思議的事。

不過人類一看到好像有規則的東西，因爲罕見，禁不住會去想應該有什麼明確原因存在才是。但明明就只是碰巧而已。

⚠ 人類有想為所有現象找出理由的傾向

不論是個人業績或公司業績，難免會受到偶然發生的外部因素影響。有時候單純就只是運氣好（或運氣不好）。

然而大多數人看事情都不會這麼單純。

「他因爲磨練了話術，業績才會變好」等等，我們總是傾向爲一個現象找出理由。然後就誤以爲自己找出了成功法則，只要照著成功法則做，就可以控制未來、預測未來。

成功、失敗當然有運氣以外的各種原因。這一點我並不否定。

可是就像擲硬幣的例子一樣，我們總是試圖找出模式，編出故事，藉此說服自己。

不這麼做我們就很難說明爲什麼兩家相鄰的彩券行，一家大排長龍，一家卻一個顧客也沒有。

或者是我們也無法說明被商業雜誌和書籍捧上天的企業，不到幾年就從市場上銷聲匿跡，反之，大受撻伐的企業突然名列前茅的現象。

⚠ 鍛鍊直覺，不陷入斷言式預測

增加經驗鍛鍊直覺，並活用在工作和人生的重要局面，這是成爲判斷達人的必經之路。

同時重要的是要知道，不管再怎麼鍛鍊，直覺還是有其極限。只要知道可確實預測的未來不存在，自然就不會固執地對自己的判斷深信不疑。

而且也會發現既然環境不斷地改變，為了在變動的環境中做出最佳判斷，思考也應該保持彈性。

這樣的彈性極為重要。

判斷一旦失去彈性，總有一天會大幅偏離現實，導致犯錯。

而且只要知道無法預知未來，自然就會浮現「先做做看再說吧」的心情。凡事都要找出理由才能信服的人，會因為無法預知未來而欠缺跨出一步的勇氣。明明只有去做才會知道，卻只是一個勁兒地找不去做的理由。

所謂的判斷達人，並不是指對任何事都可以做出百分百正確判斷的人。

考慮到大腦特性、自己的性格等，思考當下自己做得到的最佳選擇，就算無法預知未來，只要失敗時的風險在自己可承受的範圍內，就勇於決斷。就算真的失敗了，也不會耿耿於懷，可以立刻思考B計劃，並立刻付諸行動。

這應該才是真正的判斷達人應有的態度吧。

結語　承認失誤，才能站上工作不失誤的起跑線

看完本書，大家應該知道人腦是如何容易犯下失誤，而且不管自己有沒有意識到，經常都在犯錯。

你現在對於工作時犯下失誤，有什麼感想呢？

如果你的心情由「一定要消除所有失誤」，轉變成「無法完全消除」，本書可謂已達成目的。

你可能會想，「那本書標題不就是騙人的？」

可是承認「失誤不可能消除」的事實，才是消除工作失誤的唯一道路。

沒有人想犯錯。而且正在犯錯的人，通常也不會想到「我正在犯錯」。

就算心裡想著「雖然不正確，還是這麼做吧」的人，其實也認爲這麼做是對的。

我們總是在事後才會發現「我錯了」。

不論是什麼樣的失誤，自己都不會當場發現，這就是犯錯最麻煩的地方（但別人的失誤倒是看得很清楚）。既然如此，與其深信自己不會失誤，不如老實承認人一定會犯錯。

我們或許知道這個世界充滿不確定性，無法預測。所以才想緊緊抓住確定的東西，想以爲自己了解一切。

想跟著斷言自己有把握的人走。

不願認錯，想相信自己是對的。

而且隨著變化越激烈、越多元，這種心情就更爲強烈。

可是不認錯只會招致更大的錯。說不定你自己其實也隱隱約約感受到了。

本書回溯了大腦機制，和讀者們一起徹底正視四大失誤。只要細細閱讀，自然知道「失誤無法完全消除」。承認失誤，就可以站上工作不失誤的起跑線。

今後在努力消除失誤的過程中，失誤發生當下有一件事請大家務必釐清。

這個失誤是「差錯」還是「差異」？

失誤的發生，通常是在和自己的估計有「差異」的時候。

當然其中也有無法避免的「差錯」。但應該也有開啓全新可能的「差異」存在。

「失敗爲成功之母。」

「沒有失敗，只有學習。」

就像這些名言一樣，失敗中說不定隱藏著有助於未來的發現。

此外，像金子美鈴的詩作中有一節提到，「各自不同，卻都美好」。從中或許也可以發現合作、共同創作的可能性。

總而言之，不要因爲「錯了」而喪志，而是因爲「不一樣」而驚訝。這麼一來，原本以爲的失誤也就不再是失誤了。

能用這個角度來看待失誤，並樂在其中的人，說不定才是終極的「工作達人」。

ideaman 102

日本全能記憶大師的高績效大腦工作術

一舉根除記憶、注意、溝通、判斷上的失誤，提升工作與學習成果！

原書書名——仕事のミスが絶対なくなる頭の使い方
作　　者——宇都出 雅巳
原出版社——株式会社クロスメディア・パブリッシング

譯　　者——李貞慧
企劃選書——劉枚瑛
責任編輯——劉枚瑛
版 權 部——黃淑敏、翁靜如
行銷業務——張媖茜、黃崇華

總 編 輯——何宜珍
總 經 理——彭之琬
發 行 人——何飛鵬
法律顧問——元禾法律事務所　王子文律師
出　　版——商周出版
臺北市中山區民生東路二段141號9樓
電話：(02) 2500-7008　傳真：(02) 2500-7759
E-mail：bwp.service@cite.com.tw
發　　行——英屬蓋曼群島商家庭傳媒股份有限公司城邦分公司
臺北市中山區民生東路二段141號2樓
讀者服務專線：0800-020-299　24小時傳真服務：(02)2517-0999
讀者服務信箱E-mail：cs@cite.com.tw
劃撥帳號——19833503　戶名：英屬蓋曼群島商家庭傳媒股份有限公司城邦分公司
訂購服務——書虫股份有限公司客服專線：(02)2500-7718；2500-7719
服務時間——週一至週五上午09:30-12:00；下午13:30-17:00
24小時傳真專線：(02)2500-1990；2500-1991
劃撥帳號：19863813　戶名：書虫股份有限公司
E-mail：service@readingclub.com.tw
香港發行所——城邦(香港)出版集團有限公司
香港灣仔駱克道193號東超商業中心1樓
電話：(852) 2508 6231傳真：(852) 2578 9337
馬新發行所——城邦(馬新)出版集團
Cité (M) Sdn. Bhd. (458372U) 11, Jalan 30D/146, Desa Tasik, Sungai Besi,
57000 Kuala Lumpur, Malaysia.
電話：603-90563833　傳真：603-90562833
行政院新聞局北市業字第913號

封面設計及內頁編排——copy
印　　刷——卡樂彩色製版印刷有限公司
經 銷 商——聯合發行股份有限公司　新北市231新店區寶橋路235巷6弄6號2樓
電話：(02)2917-8022　傳真：(02)2911-0053

2018年（民107）09月04日初版
Printed in Taiwan
定價350元
ISBN 978-986-477-507-1　

城邦讀書花園
www.cite.com.tw

國家圖書館出版品預行編目(CIP)資料

日本全能記憶大師的高績效大腦工作術/ 宇都出雅巳著；李貞慧譯. -- 初版. --
臺北市：商周出版：家庭傳媒城邦分公司發行, 民107.09　256面；14.8×21公分. -- (Idcaman；102)
譯自：仕事のミスが絶対なくなる頭の使い方
ISBN 978-986-477-507-1(平裝)　1.職場成功法　2.思考　494.35　107011393

Idea man